高职高专艺术学门类"十四五"系列教材

装饰施工图深化设计
（第二版）

ZHUANGSHI SHIGONGTU SHENHUA SHEJI

主　编　刘雁宁　王　艳

副主编　彭　军　单春晓　孙庆武　郑蓉蓉

参　编　索慧君　汪仁斌　唐映梅　李　璇

华中科技大学出版社
http://press.hust.edu.cn
中国·武汉

内容简介

本书以室内家装设计为切入点，通过对设计案例进行解读，帮助学生从实际项目出发，独立完成相关的施工图深化设计与绘制。本书采用项目式分段教学的手法，详细讲解了室内施工图绘制的基本方法及各类空间设计方案的施工图绘制过程，并结合职业院校技能大赛装饰技术应用项目的样题，补充了部分室内设计材料、构造、装饰清单等内容，以丰富学生的实战经验，提升学生对行业的理解与认知。全书知识结构为由易到难，知识点环环相扣，形成一个集设计、实践、运用为一体的综合教学体系，并且本书将劳动教育、德育及德育评价融入教学体系当中，在提升学生的实战操作能力的同时，可帮助学生建立劳动观念意识，也为教育工作者提供相应的劳动教育及德育教学方法。

本书符合室内设计行业对应用型人才的培养要求，可作为高等职业院校及社会培训机构相关专业的教材使用。

图书在版编目（CIP）数据

装饰施工图深化设计 / 刘雁宁，王艳主编 . —2 版 . —武汉：华中科技大学出版社，2023.1
（2024.1 重印）

ISBN 978-7-5680-8829-9

Ⅰ . ①装…　Ⅱ . ①刘…②王…　Ⅲ . ①建筑装饰－工程施工－建筑制图　Ⅳ . ① TU767

中国国家版本馆 CIP 数据核字（2023）第 005490 号

装饰施工图深化设计（第二版）
Zhuangshi Shigongtu Shenhua Sheji（Di-er Ban）

刘雁宁　王艳　主编

策划编辑：彭中军
责任编辑：刘姝甜
封面设计：孢 子
责任监印：朱 玢

出版发行：华中科技大学出版社（中国·武汉）　　电话：（027）81321913
　　　　　武汉市东湖新技术开发区华工科技园　　邮编：430223
录　排：武汉创易图文工作室
印　刷：武汉市洪林印务有限公司
开　本：787 mm×1092 mm　1/16
印　张：17
字　数：352 千字
版　次：2024 年 1 月第 2 版第 2 次印刷
定　价：89.00 元

前言 Preface

在大众审美需求不断攀升的今天,人们对舒适美观的生活形态越发向往,对室内外环境的"美"的需求也在不断提高。在这里,"美"不是抽象的存在,更多体现在精致、适用、符合人体需求。这样的市场需求使相关的从业人员要具备更强大的复合型专业能力。

按照市场的内生需求,在培养从业者时要从多维度、整体性的培养模式着手。装饰施工图深化设计是室内设计专业、环境艺术设计专业、装饰工程技术专业的主干课程,承接 AutoCAD 基础、建筑装饰制图与识图、室内装饰设计等相关课程。本书包括基础理论篇、实战准备篇、专项实践教学篇、拓展篇(编制装饰工程工程量清单列项训练)以及"1+X"专篇等,融合了三大专业核心课程的设计部分内容,结合实际工作岗位与就业方向,将 2019 年全国职业院校技能大赛建筑装饰技术应用案例样题设置为教学实例,并强调与其他课程(建筑装饰构造、装饰 AutoCAD、建筑装饰施工技术、装饰设计等)相关内容知识点的融合应用与衔接,在学生进入顶岗实习的前一个学期,对前期的相关知识技能进行系统性和综合性的梳理。

本书基础理论篇部分简要介绍了 AutoCAD 的基础知识、装饰施工图的制图原理、制图标准和展台施工图初级实操绘制实例;实战准备篇部分解读了室内装饰施工图纸的组成内容及普通居室量房及施工图绘制知识;专项实践教学篇部分将居住空间施工图设计过程流程化,从创建模板到打印输出详细分解了具体操作步骤;拓展篇(编制装饰工程工程量清单列项训练)介绍了装饰装修工程工程量清单知识及清单编制的实操模拟训练,通过清单编制案例将理论和实践有机结合。另外,本书作为第二版,在第一版的基础上增加了"1+X"专篇,对室内设计职业技能等级证书相关内容进行介绍,以使学生对"1+X"证书制度试点工作有一个全面清晰的了解与掌握,也为"1+X"证书制度试点工作提供参考,同时还增加了模拟试题,以推进"1"和"X"的有机衔接,探索将证书培训内容及要求融入人才培养方案的途径,优化课程设置和教学内容。

本书重点培养学生由效果图向施工图设计渐进(即深化设计)的能力,书中案例均来源于相关岗位实际要完成的工作内容及全国技能大赛样题,案例具有代表性,涉及的工作岗位内容与要求很全面。同时,本书融入了劳动教育和德育的相关内容,可帮助学生更好地理解室内设计行业的核心价值观,培养正确的劳动价值观,并给出了相应的评价办法和授课建议,方便教育工作者教学。

与同类书相比较,本书的特色体现在,本书编写团队深化响应"三教"改革,针对体现职业教育类型特征的"岗课赛证"融通综合育人模式进行编写:

(1)"岗课对接,以岗定课"。通过调研,明确职业岗位和职业能力要求,分析典型工作任务,以岗位工作内容为主线进行课程教学任务设计,坚持立德树人,德技并修,将专业精神、职业精神和工匠精神融入教学内容。

本书结合工作岗位,要求学生进行深化设计,即根据效果图绘制部分节点大样,该部分施工图以网络资源的形式(扫描书中二维码可获取)提供给学生参考,学生也可自行设计。

装饰设计效果图以彩图形式呈现,对照效果图讲解施工图及其绘制,可最大限度地还原真实工作环境。

(2)"课改融通"。以施工图课程改革为核心,推动课堂革命、保质提能。

(3)"证课融通"。以学生"1+X"室内设计职业技能等级证书考试为目标,增加模拟题目,实现以证书考试要求拓展讲解内容,以证导学。

(4)"赛课融通"。以全国职业院校技能大赛建筑装饰技术应用赛项为载体,以期达到以赛促课、以赛促教的效果。本书所附施工图纸为 2019 年全国职业院校技能大赛(高职组)建筑装饰技术应用赛项样题作品,扫码可获取其电子资源,方便教师教学应用与学生识读学习。

本书由山西职业技术学院刘雁宁、王艳担任主编。具体分工为:山西职业技术学院索慧君编写课前应知应会篇,深圳职业技术学院汪仁斌编写第一篇,山西职业技术学院彭军、王艳、索慧君编写第二篇,王艳编写第三篇及所附施工图纸部分,刘雁宁编写第四篇(拓展篇),彭军编写第五篇("1+X"专篇);全书由刘雁宁负责统稿。

本书附有配套电子资源,包括 AutoCAD 素材、微课视频、PPT 课件、室内设计施工图纸、案例作品效果图等。电子资源中的部分常用素材可供参考下载。

本书在编写过程中参考了有关文献资料,在此谨向相关作者致以衷心的感谢。由于诸多原因,不能逐一列明,在此深表歉意。

目前高等职业教育改革已经进入深层次教学方法改革阶段,不断提高教学质量和提高学生就业上岗能力成为重中之重。编者将多年来的企业工作经历与教学实践进行融合,按照新思路编写教材。由于编者水平有限,疏漏之处在所难免,敬请各位读者批评指正,以便修订时不断完善。

编者

2022 年 11 月

目录 Contents

课前应知应会篇

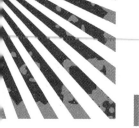

第一节 "装饰施工图深化设计"课程标准

一、课程基本信息

课程名称	装饰施工图深化设计		
授课时间	顶岗实习前一学期	适用专业	建筑装饰工程技术、环境艺术设计、建筑室内设计
课程类型	专业核心课程		
先修课程	建筑装饰识图与CAD制图、建筑装饰材料与构造、装饰施工技术、建筑装饰设计等	后续课程	毕业设计、顶岗实习

二、课程定位

本课程是建筑装饰工程技术专业以及室内设计类专业的核心课程,主要培养学生完成各类单一空间完整装饰施工图文件的绘图和编制能力,通过完成建筑装饰方案的深化设计,学生可具备正确审核施工图纸的综合业务能力。通过本课程的学习,学生可胜任设计师助理和绘图员等工作岗位。

三、课程设计思路

本课程采用启发递进式项目化教学方式。通过本课程的学习,学生能够综合运用建筑装饰识图与CAD制图、建筑装饰构造、表现技法等知识,对常见的装饰设计方案进行深化设计,形成完整的可指导施工的装饰施工图,从而满足设计师助理和绘图员等岗位对能力、知识与素质的需求。

四、课程目标

(一)能力目标

(1)能独自完成各类项目各界面的构造图绘制;

(2)能够独自完成单一空间完整装饰施工图文件的绘图和编制;

(3)能正确审核图纸。

(二)知识目标

(1)了解单一空间装饰施工图绘制特点;

(2)熟练掌握单一空间装饰施工图的绘制程序和绘制内容;

(3)熟练掌握建筑装饰施工图制图标准;

(4)熟练掌握空间各界面的材料、构造知识,并能进行深化设计。

（三）素质目标

(1)具备一定的感知建筑装饰设计风格的能力和设计创新能力,具备自主学习、独立分析问题和解决问题的能力;

(2)具有较强的与客户交流沟通的能力、良好的语言表达能力;

(3)具有严谨的工作态度和团队协作、吃苦耐劳的精神,能爱岗敬业、遵纪守法,自觉遵守职业道德和行业规范。

五、课程内容及要求

序号	教学内容	能力目标	知识目标	教学方法及手段	学时
1	基础理论篇	熟练操作CAD命令	掌握作图的规范性	简单图形绘制和尺寸标注训练	12
2	实战准备篇（展台施工图设计）	能够独立完成某展台施工图文件的绘图和编制,熟悉制图规范	1.熟练掌握单一空间装饰施工图的绘制程序和绘制内容 2.熟练掌握建筑装饰施工图制图标准 3.熟练掌握材料、构造知识,并能进行深化设计	案例法	24
3	专项实践教学篇（住宅空间施工图设计）等	1.能够独立完成单一空间完整装饰施工图文件的绘图和编制 2.熟悉颜色相关打印样式的设置,能够利用布局空间排版及输出图形	1.掌握手绘量房图的读解及绘制方法 2.了解单一空间装饰施工图绘制特点 3.熟练掌握单一空间装饰施工图的绘制程序和绘制内容 4.熟练掌握建筑装饰施工图制图标准 5.熟练掌握空间各界面的材料、构造知识,并能进行深化设计	任务驱动;案例实操	84

六、课程实施建议

（一）教学建议

此处从教学条件、教学方法与手段、课程资源的开发与利用、教材选用等方面进行说明。

本门课程充分利用学校的"教师深度参与行业"特色结合高职学生的接受

能力而设计。

(1)案例法教学：本课程第一实践环节，就是做方案设计案例。本环节体现任务驱动、项目导向的教学理念，同时还能培养学生查阅资料、自学拓宽知识面的好习惯，发挥学生的主观能动性。

(2)讲座式教学：请行业、企业专家来校举办讲座。教师团队定期将相关从业者约来学院举办专题讲座，增加学生对行业的认知了解，并就热点问题，展开讨论，开展丰富的专业教学活动。

(3)软件应用教学：引进行业软件，要求学生用现代信息化手段完成工作任务，以崭新的面貌赢得工作机会。

将多种教学方法运用于不同特点的教学模块。

(1)启发递进式教学：教学流程为"背景知识介绍 → 案例示范互动解析 → 拓展背景重点强调 → 布置案例作业 → 点评案例作业"，实现了由简单、单一至复杂、综合的启发递进式教学。

(2)头脑风暴：在拓展思维领域，充分地让学生思考，发挥想象力，碰撞出智慧的火花。

(3)分组竞赛：分组完成工作任务，展开小组竞赛，比速度、比质量、比成效。

(4)角色扮演：转换角色，体验方案设计师工作内容，做方案的局部调整。

(5)分组合作式：根据工作过程特点，在不同的工作任务中实现工学交替、任务驱动、项目导向、课堂与实习地点一体化等方式的教学。

(二)考核建议

教学全过程考核方式：平时考核＋期末考试＋大作业，总成绩为100分。平时纪律考勤考核，占总成绩的20%；平时作业、实训项目完成情况与完成质量，占总成绩的30%；期末大作业以提交的作品为依据，根据施工图设计的正确性、完整性、图纸的规范性等进行考核，占总成绩的50%。

七、需要说明的其他问题

1.教材选用

为可供职业院校室内设计专业、环境艺术设计专业、建筑装饰工程技术专业或其他相关专业选用的核心课程教材。

2.参考资料

(1)《建筑装饰CAD实例教程及上机指导》(机械工业出版社)；

(2)《建筑CAD》(普通高等教育"十一五"国家级规划教材)；

(3)建筑装饰构造与装饰装修的地方性规定；

(4)最新颁布的相关国家规范。

3. 教学软件

AutoCAD 2014～AutoCAD 2018。

4. 教学仪器

计算机机房设备设施。

5. 实训设施

校内实训场地、机房；教学视频、图片、图纸；各类典型装饰构造训练展示内容。

▌第二节 室内装饰设计师国家职业标准

《中华人民共和国职业分类大典》(1999 年版,后有 2022 年版)将我国职业归为 8 个大类,66 个中类,413 个小类,1838 个细类(职业)。第四大类"商业、服务业人员"包括 8 个中类,43 个小类,147 个细类。其中室内装饰设计师(4-08-08-07)与本专业的专业人才培养相适应,主要从事建筑物及飞机、车、船等内部空间环境设计。

主要工作任务包括:运用物质技术和艺术手段,设计建筑物及飞机、车、船等内部空间形象;进行室内装修设计和物理环境设计;进行室内空间分隔组合、室内用品及成套设施配置等室内陈设艺术设计;指导、检查装修施工。

课程的设计与职业标准相对接,主要针对《室内装饰设计师国家职业技能标准》设计表达的"细部构造设计与施工图绘制"中的细部构造设计与综合表达、施工图绘制与审核等内容,同时涵盖部分设计实施和管理的相关知识。

一、职业概况

1. 职业名称

职业名称:室内装饰设计师。

2. 职业定义

职业定义:运用物质技术和艺术手段,对建筑物及飞机、车、船等内部空间进行环境设计的专业人员。

3. 职业等级

本职业共设三个等级,分别为室内装饰设计员(国家职业资格三级)、室内装饰设计师(国家职业资格二级)和高级室内装饰设计师(国家职业资格一级)。

4. 职业环境

职业环境:室内,常温,无尘。

5. 职业能力特征

项　　目	重要程度		
	非常重要	重要	一般
学习能力	√		
表达能力		√	
计算能力		√	
空间感	√		
形体能力	√		
色觉	√		
手指灵活性			√

装饰施工图深化设计（第二版）

6. 基本文化程度

基本文化程度：大专毕业（或同等学力）。

7. 培训要求

(1)培训期限：全日制职业学校教育，根据其培养目标和教学计划确定；晋级培训室内装饰设计员，不少于200标准学时。

(2)培训教师：培训室内装饰设计员的教师应具有室内装饰设计师以上职业资格证书。

(3)培训场地设备：满足教学需要的标准教室和具有必备的工具和设备的场所。

8. 鉴定要求

(1)适用对象：从事或准备从事本职业的人员。

(2)申报条件（具备以下条件之一者）：

①经本职业室内装饰设计员正规培训达规定标准学时数，并取得毕(结)业证书。

②连续从事本职业工作4年以上。

③大专以上本专业或相关专业毕业生，连续从事本职业工作2年以上。

(3)鉴定方式：分为理论知识考试和技能操作考核。理论知识考试采用闭卷笔试方式；技能操作考核采用现场实际操作方式。理论知识考试和技能操作考核均实行百分制，成绩皆达60分以上者为合格。

(4)考评人员与考生配比：理论知识考试考评人员与考生配比为1：20，每个标准教室不少于2名考评人员；技能操作考核考评人员与考生配比为1：5，且不少于3名考评人员。综合评审委员不少于5人。

(5)鉴定时间:理论知识考试时间不少于180 min,技能操作考核时间不少于360 min。综合评审时间不少于30 min。

(6)鉴定场所设备:理论知识考试在标准教室进行,技能操作考核在具有必备的工具、设备的现场进行。

二、基本要求

1.职业道德

(1)职业道德基本知识。

(2)职业守则:

①遵纪守法,服务人民。

②严格自律,敬业诚信。

③锐意进取,勇于创新。

2.基础知识

(1)中外建筑、室内装饰基础知识:

①中外建筑简史。

②室内设计史概况。

③室内设计的风格样式和流派知识。

④中外美术简史。

(2)艺术设计基础知识:

①艺术设计概况。

②设计方法。

③环境艺术。

④景观艺术。

(3)人体工程学的基础知识。

(4)绘图基础知识。

(5)应用文写作基础知识。

(6)计算机辅助设计基础知识。

(7)相关法律、法规知识:

①劳动法的相关知识。

②建筑法的相关知识。

③著作权法的相关知识。

④建筑内部装修防火规范的相关知识。

⑤合同法的相关知识。

⑥产品质量法的相关知识。

⑦标准化法的相关知识。

⑧计算机软件保护条例的相关知识。

职 业 功 能	工 作 内 容	技 能 要 求	相 关 知 识
一、设计准备	（一）项目功能分析	1.能够完成项目所在地域的人文环境调研 2.能够完成设计项目的现场勘测 3.能够基本掌握业主的构想和要求	1.民俗历史文化知识 2.现场勘测知识 3.建筑、装饰材料和结构知识
	（二）项目设计草案	能够根据设计任务书的要求完成设计草案	1.设计程序知识 2.书写表达知识
二、设计表达	（一）方案设计	1.能够根据功能要求完成平面设计 2.能够将设计构思绘制成三维空间透视图 3.能够为用户讲解设计方案	1.室内制图知识 2.空间造型知识 3.手绘透视制方法
	（二）方案深化设计	1.能够合理选用装修材料,并确定色彩与照明方式 2.能够进行室内各界面、门窗、家具、灯具、绿化、织物的选型 3.能够与建筑、结构、设备等相关专业配合协调	1.装修工艺知识 2.家具与灯具知识 3.色彩与照明知识 4.环境绿化知识
	（三）细部构造设计与施工图绘制	1.能够完成装修的细部设计 2.能够按照专业制图规范绘制施工图	1.装修构造知识 2.建筑设备知识 3.施工图绘制知识
三、设计实施	（一）施工技术工作	1.能够完成材料的选样 2.能够对施工质量进行有效的检查	1.材料的品种、规格、质量校验知识 2.施工规范知识 3.施工质量标准与检验知识
	（二）竣工技术工作	1.能够协助项目负责人完成设计项目的竣工验收 2.能够根据设计变更协助绘制竣工图	1.验收标准知识 2.现场实测知识 3.竣工图绘制知识

三、工作要求

符合室内装饰设计员岗位任职要求。

四、比重表

1. 理论知识

项　　目		知识比重		
		室内装饰设计员 /（%）	室内装饰设计师 /（%）	高级室内装饰设计师 /（%）
基本要求	职业道德	5	5	5
	基础知识	15	10	10
相关知识	设计准备　项目功能分析	5	—	—
	项目设计草案	15	—	—
	设计创意　设计构思	—	10	—
	功能定位	—	10	—
	创意草图	—	10	—
	设计方案	—	10	—
	总体构思创意	—	—	15
	设计定位　设计系统总体规划	—	—	10
	设计表达　方案设计	15	—	—
	方案深化设计	10	—	—
	细部构造设计与施工图	15	—	—
	综合表达	—	10	—
	施工图绘制与审核	—	10	—
	总体规划设计	—	—	10
	设计实施　施工技术工作	10	—	—
	竣工技术工作	10	—	—
	竣工与验收	—	10	—
	设计与施工的指导	—	10	—
	设计管理　组织协调	—	—	12
	设计指导	—	5	10
	总体技术审核	—	—	8
	设计培训	—	—	10
	监督审查	—	—	10
合计		100	100	100

2. 技能操作

项 目			知 识 比 重		
			室内装饰设计员/（%）	室内装饰设计师/（%）	高级室内装饰设计师/（%）
相关知识	设计准备	项目功能分析	5	—	—
		项目设计草案	20	—	—
	设计创意	设计构思	—	10	—
		功能定位	—	10	—
		创意草图	—	10	—
		设计方案	—	10	—
		总体构思创意	—	—	20
	设计定位	设计系统总体规划	—	—	15
	设计表达	方案设计	20	—	—
		方案深化设计	15	—	—
		细部构造设计与施工图	20	—	—
		综合表达	—	15	—
		施工图绘制与审核	—	15	—
		总体规划设计	—	—	15
	设计实施	施工技术工作	10	—	—
		竣工技术工作	10	—	—
		竣工与验收	—	10	—
		设计与施工的指导	—	10	—
	设计管理	组织协调	—	—	12
		设计指导	—	10	10
		总体技术审核	—	—	8
		设计培训	—	—	10
		监督审查	—	—	10
合计			100	100	100

第一篇

基础理论篇

内容介绍

本篇主要针对室内设计职业资格标准对于制图与施工图的具体要求,对重要的知识和技能进行概述和总结,使学生能够明确本课程的学习内容,并了解到如何学好本课程。

学习内容将分为三个部分:

· 制图软件应用,介绍了计算机绘图软件和常用绘图技巧。

· 建筑装饰施工图制图原理,介绍了投影图和建筑形体施工图的成图方法。

· 建筑装饰施工图制图标准,介绍了施工图绘制的基本规定和图纸编制标准。

知识目标

· 了解 AutoCAD 软件的平面绘图和图形编辑命令,掌握这些命令的用法。

· 了解建筑装饰施工图的投影方法。

· 熟悉建筑装饰施工图绘图基本标准。

技能目标

· 能够熟练应用 AutoCAD 软件中常用的平面绘图命令进行绘图,利用修改命令进行图形的编辑。

· 能够分清建筑装饰施工图各图纸的内容和意义。

· 能够将绘图标准应用于今后的施工图绘制当中。

劳动培养

能够牢固树立规范意识,熟悉施工图绘图基本标准,为今后正确绘制施工图做准备。

教学建议

建议选用一两套学生作业,通过互相"找茬"的方式对施工图绘图基本标准进行学习巩固。

第一节　AutoCAD 软件基础理论知识

一、计算机绘图软件的基本操作

建筑工程一般用 AutoCAD 软件画图。AutoCAD(Autodesk Computer Aided Design)软件是由美国 Autodesk 公司出品的一款自动计算机辅助设计软件,可以用于二维制图和基本三维设计,利用它无须懂得编程即可制图,因此它在全球广泛使用,可以用于土木建筑、装饰装潢、工业电子、服装加工等多领域的制图。

AutoCAD 具有良好的用户界面,人们通过交互菜单或命令行输入方式便可以进行各种操作。它的多文档设计环境,让非计算机专业人员也能很快地学会使用,在不断实践的过程中更好地掌握它的各种应用和开发技巧,从而不断提高工作效率。AutoCAD 具有广泛的适应性,它可以在各种操作系统支持的微型计算机和工作站上运行。

AutoCAD 软件的基本操作通常可用比较简单和常用的工具或命令实现。常用工具和命令包括:

(1)绘图工具,能以多种方式创建直线、圆、椭圆、多边形、样条曲线等基本图形对象。AutoCAD 还提供了正交、对象捕捉、极轴追踪、捕捉追踪等绘图辅助工具,使用户可以很方便地绘制图形及沿不同方向定位。

(2)修改命令,可以移动、复制、旋转、拉伸、延长、修剪、缩放对象等,与绘图工具配合可以绘制出各种各样的二维图形,并且可以方便快速地对图形进行各类编辑和修改。

(3)标注工具,包含了一套完整的尺寸标注和编辑命令,使用它们可以在图形的各个方向上创建各种类型的标注,也可以方便、快速地以一定格式创建符合行业或项目标准要求的标注。

标注显示了对象的测量值,如对象之间的距离、角度或者与指定原点的距离。AutoCAD 中提供了线性、径向和角度 3 种基本的标注类型,可以进行水平、垂直、对齐、旋转、坐标、基线或连续等形式的标注。此外,还可以进行引线标注、公差标注,以及自定义粗糙度标注。标注的对象可以是二维图形或三维图形。

(4)格式命令,能轻易在图形的任何位置、沿任何方向书写文字,可设定文字字体、倾斜角度及宽度缩放比例等属性。可以设置编辑图层,使图形对象位于某一图层上,可设定对象颜色、线型、线宽等特性。可以创建多种类型尺寸,其标注外观可以自行设定。

(5)输出打印,AutoCAD 不仅允许将所绘图形以不同样式(通过绘图仪或打印机)输出,还能够将不同格式的图形导入 AutoCAD 或将 AutoCAD 图形以其他格式输出。因此,当图形绘制完成之后可以使用多种方法将其输出。

为了提高作图速度,应掌握以下绘图技巧:

(1) 熟练掌握 AutoCAD 的各种命令。在 AutoCAD 里做同一件事可以用多种命令实现,要想最快达到目的,必须熟悉各种命令的功能特点。

(2)采用正确的作图姿势。左手放在键盘的回车键旁边,因为使用较多的命令的快捷键(“L”(直线)、“M”(移动)、“O”(偏移)、“H”(填充)、“I”(插入图块)、“Enter”(确认、执行上一命令))均在此;右手握鼠标。

(3)建立自己的作图环境,即建立适合自己的专业绘图模板文件。因为每一个专业都有专业内的共性,这些共性体现在图层、字体、标注样式、线型、线条粗细、图框、图标规格、打印样式等方面。如果绘制每张图都要逐项设定会花费大

第一篇 基础理论篇

量的时间,用模板是效率最高的。

(4)建立自己的常用图块。有的图案经常需要用到,如果建成图块,使用时直接插入,可以节约很多时间。当然,要将图块建在模板里。

(5)注意收集自己或别人绘制的图形作为资料,便于在今后的图纸中应用。许多图纸都是大同小异的,很多局部、细部是一样的,如果平时注意收集,到了要使用的时候就可以直接调出来修改使用。

(6)绘制图形一定要注意它的可持续修改性。电脑绘图比手工绘制快的地方就在于它的可修改性。一张好的图纸一定要很方便修改。需要修改的因素有很多,如领导意见、计算错误、考虑不周等。即使是对交工了的图纸,也应该考虑今后调用的问题。

(7)巧用 AutoCAD 的打印功能。图纸绘制好了以后,将图纸打印出来,是一种方便查看的方法。在打印图纸设置时,需选择合适的打印机和适合的打印范围。

(8)尽量使用高版本的软件,要多多学习、实践新的功能。

(9)提高绘图效率,多用键盘操作来提高自己的速度。AutoCAD 操作时多用键盘输入,可以简化操作步骤。

二、绘制二维图形

下文将重点介绍室内与家具设计人员必须掌握的基本绘图技能。平面绘图快捷命令见表 1-1。

表 1-1 平面绘图快捷命令

序　号	命令说明	快　捷　键	序　号	命令说明	快　捷　键
1	直线	L	9	射线	RAY
2	构造线	XL	10	多段线	PL
3	多线	ML	11	正多边形	POL
4	矩形	REC	12	圆形	C
5	圆弧	A	13	椭圆	EL
6	单点	PO	14	图案填充	H
7	定距等分	ME	15	定数等分	DIV
8	圆环	DO			

(一)绘制点

在 AutoCAD 中,点对象可以作为捕捉或者偏移对象的节点或参考点。可以通过单点、多点、定数等分、定距等分四种方式创建点对象。在创建点对象之前,可以根据实际需求设置点的样式和大小。

装饰施工图深化设计(第二版)

1. 设置点的样式与大小

选择"格式"—"点样式"命令,即执行 DDPTYPE 命令,AutoCAD 弹出"点样式"对话框,用户可通过该对话框选择自己需要的点样式。

2. 绘制单点

执行 POINT 命令或直接输入快捷命令"PO"。

3. 绘制多点

绘制多点就是在输入 POINT 命令后,指定多个点。

4. 绘制定数等分点

绘制定数等分点是指将点对象沿对象的长度或周长等间隔排列。

5. 绘制定距等分点

绘制定距等分点是指将点对象在指定的对象上按照指定的间隔放置。

(二)绘制线

(1)绘制直线:根据指定的端点绘制一系列的直线段。快捷命令为"L"。

(2)绘制构造线:绘制沿两个方向无限长的直线。构造线一般用作辅助线。快捷命令为"XL"。

(3)绘制多段线。多段线是由直线段、圆弧段构成,且可以有宽度的图形对象。快捷命令为"PL"。

(三)绘制正多边形

绘制正多边形的快捷命令为"POL"。

(四)绘制矩形

根据指定的尺寸或条件绘制矩形。快捷命令为"REC"。

(五)绘制圆弧

AutoCAD 提供了多种绘制圆弧的方法。快捷命令为"A"。

(六)绘制圆形

快捷命令为"C"。

(七)绘制圆环

圆环是填充了的环形,即带有宽度的闭合多段线。创建圆环,要指定它的内外直径和圆心。通过指定不同的圆心和相同的内外直径,可以创建相同大小的多个圆环。要想创建实体填充圆,将内径值指定为 0 即可。

(八)图案填充

用指定的图案填充指定的区域,可执行 BHATCH 命令。快捷命令为"H"。

三、编辑图形命令列表

图形绘制过程中需要进行编辑,利用编辑命令可以高效率完成绘图。图形编辑快捷命令见表1-2。

表1-2 图形编辑快捷命令列表

序 号	命令说明	快捷键	序 号	命令说明	快 捷 键
1	删除	E	9	复制	CO（CP）
2	镜像	MI	10	偏移	O
3	阵列	AR	11	移动	M
4	旋转	RO	12	比例缩放	SC
5	拉伸	S	13	修剪	TR
6	延伸	EX	14	打断	BR
7	倒角	CHA	15	分解	X
8	圆角	F			

装饰施工图深化设计（第二版）

（一）选择

(1)逐个选取:也称点选,将鼠标光标对准实体进行单击即可。

(2)全部选择:当执行编辑命令时,命令行提示"选择对象",这时输入"all",便可以选择所有实体。

(3)窗口选择:也称窗选,是最常用的一种选择方法,从左至右或反向拉出矩形选框,则框中的目标实体会加入选择集。

（二）删除

删除指定对象就是用橡皮工具擦除图纸上不需要的内容。快捷命令:"E"。

（三）复制

复制对象是将指定对象复制到指定位置。快捷命令:"CO"或"CP"。

（四）镜像

将选中的对象相对于指定的镜像线进行镜像复制。快捷命令:"MI"。

（五）偏移

偏移操作常用于创建同心圆、平行线或等距曲线,又称为偏移复制。快捷命令:"O"。

（六）阵列

阵列是指将选中的图像进行矩形或环形多重复制。快捷命令:"AR"。

1. 矩形阵列

选择阵列对象,执行矩形阵列操作,并设置阵列行数、列数、行间距等参数后,即可使对象呈矩形阵列复制。

2. 环形阵列

选择阵列对象,执行环形阵列操作,并设置了阵列中心点、填充角度参数后,即可使对象呈环形阵列复制。

(七)移动

移动是指将选中的对象从当前位置移到另一位置,即更改图形在图纸上的位置。快捷命令:"M"。

(八)旋转

旋转是指将指定的对象绕指定点(称其为基点)旋转指定的角度。快捷命令:"RO"。

(九)缩放

缩放是指放大或缩小指定对象。可执行 SCALE 命令,也可使用快捷命令"SC"。

(十)拉伸

拉伸与移动命令的功能有类似之处,使用拉伸命令可移动图形,但通常使对象拉长或压缩。快捷命令:"S"。

(十一)修剪

用作为剪切边的对象修剪指定对象(称为被剪边),即将被修剪对象沿修剪边界(即剪切边)断开,并删除位于剪切边一侧或位于两条剪切边之间的部分。快捷命令:"TR"。

(十二)延伸

延伸是指将指定对象延伸到指定边界。可执行 EXTEND 命令,也可使用快捷命令"EX"。

(十三)打断

打断是指在指定点处将对象分成两部分,或删除对象上指定两点间的部分。快捷命令:"BR"。

(十四)倒角

倒角是指在两条线之间创建倒角。快捷命令:"CHA"。

第一篇 基础理论篇

（十五）圆角

圆角是指为对象创建圆角。快捷命令："F"。

（十六）分解

分解命令也称炸开命令，可令多段线、块、标注和面域等合成对象分解成其他的部件对象。快捷命令："X"。

（十七）使用夹点编辑对象

夹点是一些小方框，是对象上的控制点。利用夹点功能，用户可以比较方便地编辑对象。

四、文字注释

所有输入的文字都应设置文字样式，包括相应字体和格式的设置以及文字外观的定义。

（一）文字样式

AutoCAD可对图形中的文字根据当前文字样式进行标注。快捷命令："ST"。

（二）单行文字

单行文字适用于字体单一、内容简单、一行就可以容纳的注释文字。其优点在于，使用单行文字命令输入的文字，每一行都是一个编辑对象，方便移动、旋转和删除。

可以通过如下的命令调用单行文字命令：

选择"绘图"—"文字"—"单行文字"命令，即执行DTEXT命令或快捷命令"DT"。

（三）多行文字

多行文字适用于字体复杂、字数多甚至整段文字的情况。使用多行文字输入后，文字可以由任意数目的文字行或段落组成，在指定的宽度内布满，可以沿垂直方向无限延伸。快捷命令："MT"。

五、尺寸标注

不论是建筑设计还是家具设计，完整的图纸都必须包括尺寸标注。AutoCAD中，一个完整的尺寸一般由尺寸线、延伸线（即尺寸界线）、尺寸文字（即尺寸数字）和尺寸箭头四部分组成。

（一）尺寸标注的基本概念

AutoCAD提供对各种标注对象设置标注格式的方法。可以从各个方向、各个角度对对象进行标注。

(二)尺寸标注的步骤

在 AutoCAD 室内装饰施工图的绘制过程中,进行尺寸标注应遵循以下步骤:

(1)创建用于尺寸标注的图层。

(2)创建用于尺寸标注的文字样式。

(3)依据图形的大小和复杂程度,配合将选用的图幅规格,确定比例。

(4)设置尺寸标注样式。

(5)捕捉标注对象并进行尺寸标注。

(三)尺寸标注样式

尺寸标注样式(简称标注样式)的相关命令用于设置尺寸标注的具体格式,如尺寸文字采用的样式,尺寸线、尺寸界线以及尺寸箭头的标注设置等,以满足不同行业或不同国家的尺寸标注要求。

(1)线性标注。线性标注快捷命令:"DIM"。水平标注为"HOR",垂直标注为"VER",连续标注为"CON"。

(2)对齐标注。对齐标注指所标注尺寸的尺寸线与两条尺寸界线起始点间的连线平行。命令:DIMALIGNED。

(3)角度标注。角度标注快捷命令:"DAN"。

(4)直径标注。直径标注快捷命令:"DDI"。

(5)半径标注。半径标注的快捷命令:"DBA"。

(6)弧长标注:为圆弧标注长度尺寸。命令:DIMARC。

(7)连续标注。连续标注快捷命令:"DCO"。

(8)基线标注。基线标注指各尺寸线从同一条尺寸界线处引出。命令:DIMBASELINE。

上机复习综合训练

实例 1:运动场平面图的绘制

题目:用 AutoCAD 绘制运动场平面图,并标注尺寸,如图 1-1 所示。

实例 2:办公桌立面图的绘制

题目:利用 AutoCAD 中的矩形命令完成办公桌立面图的绘制,如图 1-2 所示。

实例 3:房屋入口立面图的绘制

题目:利用 AutoCAD 中的直线、椭圆等命令完成房屋入口立面图的绘制,如图 1-3 所示。

实例 4：箭头的绘制

题目：利用 AutoCAD 中的多段线命令完成箭头的绘制，如图 1-4 所示。

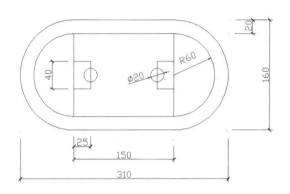

图 1-1　运动场平面图

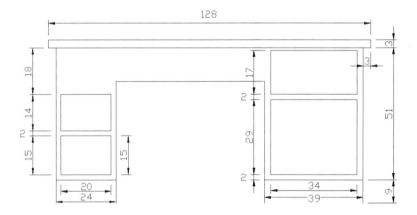

图 1-2　办公桌立面图

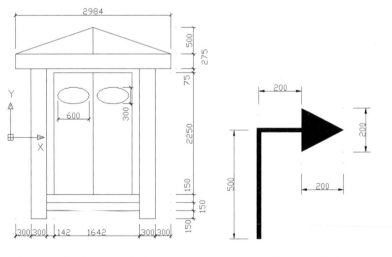

图 1-3　房屋入口立面图　　　　图 1-4　箭头

实例5：创建图层并修改图形特性

题目：分图层绘制墙体和尺寸标注部分，如图1-5所示。

(1)创建以下图层：

　　墙体　　白色　　Continuous(线型)　　　0.7(线宽，mm)

　　尺寸　　黄色　　Continuous(线型)　　　默认

(2)将建筑平面图中的相应图形分别绘制到对应的图层上。

(3)冻结"尺寸"图层。

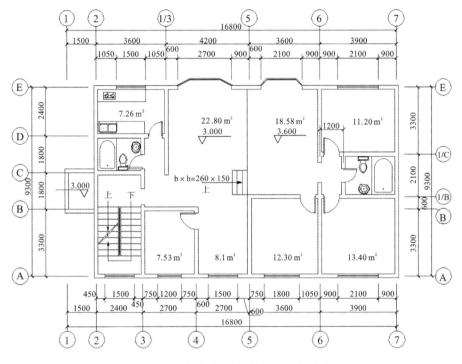

图1-5　分图层绘制墙体和尺寸标注部分

实例6：用多行文字命令书写一段设计说明

题目：使用多行文字命令书写一段设计说明，要求标题为黑体10号字，其余字体为宋体7号字，并进行编号，如图1-6所示。

设 计 说 明
一、设计依据
1.根据业主要求设计风格为中式传统。
2.国家现行有关设计规范。
二、设计范围
室内墙、顶、地装修；洁具安装；不含活动洁具及陈设、装饰品。
三、设计要求
1.本设计标高以精装修的客厅地面完成标高为本户型的+0.00。
2.轻钢龙骨吊顶构造采用88J4（三）U型龙骨吊顶做法。
3.除特别注明外，所有装修做法均执行《建筑构造通用图集》（88J1-9）。

图1-6　用多行文字命令书写一段设计说明

実例 7：用表格命令绘制并填写材料表

题目：使用表格命令绘制并填写材料表，要求表格标题为宋体，字高 80，列标题和数据单元格内字体为宋体，字高 50，如图 1-7 所示。

装饰施工图深化设计（第二版）

主要材料表				
位置	名称	材料		备注
客厅	地面	500 mm×500 mm地砖　云石砖波打线		
	墙面	海马斯乳胶漆 黑檀木饰面 高级墙纸 白影木饰面		
	天花	海马斯乳胶漆		
	阳台	100 mm×600 mm磨平亚光青石板		
	窗台	金碧辉煌大理石窗台		

图 1-7　使用表格命令绘制并填写材料表

第二节　建筑装饰施工图制图原理

一、投影的基本概念和分类

1. 投影的概念

在灯光或太阳光照射物体时，在地面或墙面上会产生与原物体相同或相似的影子，人们根据这个自然现象，总结出将空间物体表达为平面图形的方法，即投影法。在投影法中，光源（投影中心）向物体投射的光线，称为投影线；出现影像的平面，称为投影面；所得影像的集合轮廓则称为投影或投影图。

2. 投影法的分类

投影线由一点射出，通过物体与投影面相交所得的图形，称为中心投影或中心投影图，投影线的出发点称为投影中心。这种投影方法，称为中心投影法，如图 1-8 所示。由于投影线互不平行，所得图形不能反映物体的真实大小，因此，中心投影法不能作为绘制工程图样的基本方法。

如果将投影中心移至无穷远处，则投影线可看成互相平行，通过物体与投影面相交，所得的图形称为平行投影，用平行投影线进行投影的方法称为平行投影法。在平行投影法中，根据投影线投射方向是否垂直于投影面，平行投影法又可分为两种（见图 1-9）：①投影方向（投影线）倾斜于投影面，称为斜角投影法，简称斜投影法；②投影方向（投影线）垂直于投影面，称为直角投影法，简称正投影法。正投影法是工程制图广泛应用的方法。

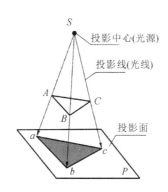

图 1-8　中心投影法

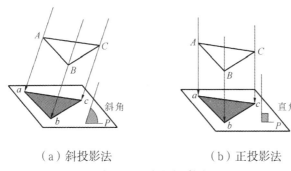

（a）斜投影法　　　　　　　（b）正投影法

图 1-9　平行投影法

　　轴测投影法是用平行投影法在单一投影面上取得物体立体投影的一种方法。用这种方法获得的轴测图直观性强,可在图形上度量物体的尺寸,虽然轴测图度量性较差,绘图也较困难,但它仍然是工程中一种较好的辅助资料。

二、正投影的基本特性

　　可通过对直线、平面图形进行正投影来说明正投影的特性,如图1-10所示。

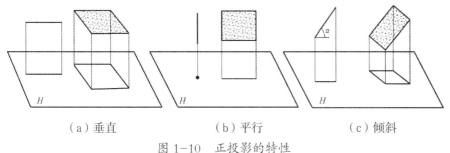

（a）垂直　　　　　　（b）平行　　　　　　（c）倾斜

图 1-10　正投影的特性

1. 真实性

　　当直线或平面图形平行于投影面时,投影反映线段的实长和平面图形的真实形状。

2.积聚性

当直线或平面图形垂直于投影面时,直线的投影积聚成一点,平面图形的投影积聚成一条线。

3.类似性

当直线或平面图形倾斜于投影面时,直线中线段的投影仍然是线段,比实长短;平面图形的投影仍然是平面图形,但不反映平面实形,而是原平面图形的类似形。

由以上性质可知,在采用正投影法画图时,为了反映物体的真实形状和大小及使作图方便,应尽量使物体上的平面或直线对投影面处于平行或垂直的位置。

三、三面投影体系的建立

如图 1-11 所示,三个形状不同的物体,它们在同一个投影面上的投影是相同的。很明显,若不附加其他说明,仅凭这一个投影面上的投影,是不能确定物体的形状和大小的。

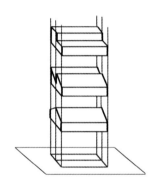

图 1-11 三个形状不同的物体的投影

1.三面投影的建立

一般需将物体放置在图 1-12 所示的三面投影体系中,分别向三个投影面进行投影,然后将所得到的三个投影联系起来,互相补充,即可反映出物体的真实形状和大小。

2.投影面和投影轴

正立投影面——正面的投影面,简称正面或 V 面。

水平投影面——水平的投影面,简称水平面或 H 面。

侧立投影面——侧面的投影面,简称侧面或 W 面。

在三面投影体系中:V 面和 H 面的交线形成 OX 轴,H 面和 W 面的交线形成 OY 轴,V 面和 W 面的交线形成 OZ 轴,OX、OY、OZ 三轴的交点为坐标原点 O。

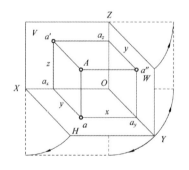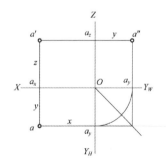

图 1-12 三面投影体系(以点 A 为例)

3. 三视图的形成

为了得到能反映物体真实形状、大小的视图,可将物体适当地放置在三面投影体系中,分别在 V 面、H 面、W 面进行投影,如图 1-13(a) 所示。V 面上得到的投影称为主视图(正视图),H 面上得到的投影称为俯视图,W 面上得到的投影称为左视图(侧视图)。得到的三个方向的投影图合称三面投影图,即三视图。

为了符合生产要求,需要把三视图画在一个平面内,即把三个投影面展开。展开方法为:V 面不动,H 面绕 OX 轴向下旋转 $90°$,W 面绕 OZ 轴向后旋转 $90°$,使 H、W 面与 V 面在同一平面上,如图 1-13(b) 所示。在旋转过程中,需将 OY 轴一分为二,随 H 面的称为 OY_H,随 W 面的称为 OY_W。

展开后的三视图,如图 1-13(c) 所示。值得注意的是:在绘图过程中不需要画出投影轴和表示投影面的边框,视图按上述位置布置时,不需注出视图名称,如图 1-13(d) 所示。

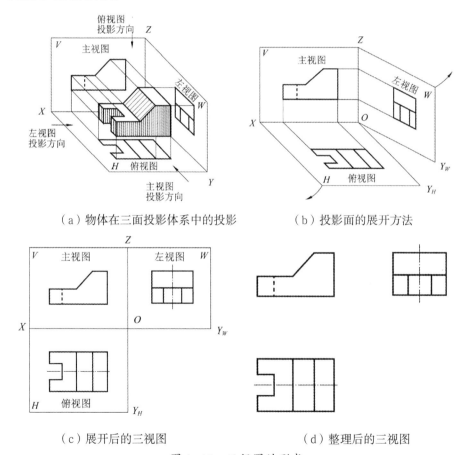

（a）物体在三面投影体系中的投影　　　（b）投影面的展开方法

（c）展开后的三视图　　　　　　　　（d）整理后的三视图

图 1-13　三视图的形成

四、三视图的投影关系

从三视图的形成过程和投影面展开的方法中,可明确以下关系:

1. 位置关系

俯视图在主视图的下边，左视图在主视图的右侧。

2. 方位关系

任何物体都有前后、上下、左右六个方位。每个视图只能表示其四个方位，如图1-14所示。在三视图中，主视图可以表示物体的上下、左右关系；俯视图可以表示物体的左右、前后关系；左视图可以表示物体的上下、前后关系。

3. 三等关系

物体有长、宽、高三个尺度，若将物体左右方向（OX轴方向）的尺度称为长，上下方向（OZ轴方向）的尺度称为高，前后方向（OY轴方向）的尺度称为宽，则在三视图中（如图1-15所示），主视图和俯视图均反映了物体的长，主视图和左视图均反映了物体的高，俯视图和左视图均反映了物体的宽。

在上述三视图中，主视图和俯视图反映的长，在上下两个视图中应该对正；主视图和左视图反映的高，在左右两个视图中应该平齐；俯视图和左视图反映的宽，应该相等。此"三等关系"可简称为"长对正，高平齐，宽相等"。注意：不仅物体整体的三视图符合三等关系，物体上的每一部分都应符合三等关系。

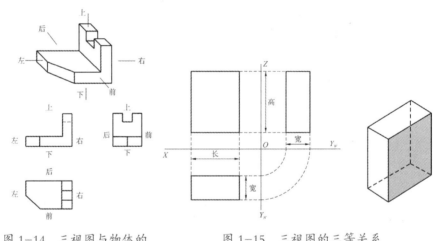

图1-14　三视图与物体的　　　　图1-15　三视图的三等关系
　　　　　方位关系

第三节　建筑装饰施工图制图标准

建筑装饰施工图是设计人员按照投影原理，用线条、数字、文字和符号在纸上或电脑上画出的图样，用来表达设计思想、装饰结构、装饰造型及饰面处理要求。建筑装饰施工图是装饰施工的技术语言，是工人施工和工程验收的依据。

建筑装饰施工图包括平面图、顶面图（天花图）、立面图、剖面图、节点大样图、家具图、水工图、电工图等。

装饰工程涉及面较宽,如门窗、楼地面层、内外墙柱表面、顶棚、隔断和楼梯等都包括在装饰工程业务之内,而且细致到与增强建筑感染力的照明、陈设等,都要精心地加以装饰,并由此完善装饰的整体效果。装饰工程不仅与建筑有关,也与各种钢、铝、木结构有关,还与家具及各种配套产品有关。由于装饰施工图目前还没有统一的画法标准,所以在装饰施工图中有建筑制图、家具制图和机械制图等几种画法及符号并存的现象,这形成了装饰施工图自身的特点。

一、装饰施工图制图规定

1. 图纸幅面规格

(1)图纸标准幅面。

图纸幅面是指图纸本身的规格尺寸,为了合理使用并便于图纸管理、装订,室内设计制图的图纸幅面规格尺寸沿用建筑制图的国家标准,如图1-16和表1-3所示。

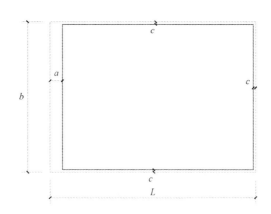

图 1-16　图纸幅面及尺寸

表 1-3　图纸幅面及图框尺寸(mm)

尺　寸	幅面代号				
	A0	A1	A2	A3	A4
$b \times L$	841×1189	594×841	420×594	297×420	210×297
c	10			5	
a	25				

(2)图纸的加长。

图纸短边一般不得加长,长边可加长,加长尺寸应符合表1-4的规定。

表1-4　图纸长边加长尺寸（mm）

幅面代号	长边尺寸	长边加长后尺寸
A0	1189	1486、1635、1783、1932、2080、2230、2378
A1	841	1051、1261、1471、1682、1892、2102
A2	594	743、891、1041、1189、1338、1486、1635、1783、1932、2080
A3	420	630、841、1051、1261、1471、1682、1892

2. 标题栏与会签栏

(1)标题栏。

标题栏的主要内容包括设计单位名称、工程名称、图纸名称、图纸编号以及项目负责人、设计人、绘图人、审核人姓名等内容。如有备注说明或图例简表也可视其内容设置其中。标题栏的长宽与具体内容可根据具体工程项目进行调整。

(2)会签栏。

室内设计中的设计图纸一般需要审定,水、电、消防等相关专业负责人要会签,这时可在图纸装订一侧设置会签栏,不需要会签的图纸可不设会签栏。

以A3图幅为例,常见的标题栏与会签栏布局形式见图1-17。

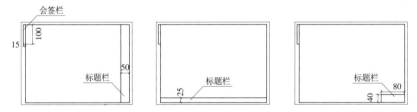

图1-17　标题栏与会签栏布局形式（单位：mm）

3. 图线

(1) 图线的基本线宽为 b,宜按照图纸比例及图纸性质从 1.4 mm、1.0 mm、0.7 mm、0.5 mm 线宽系列中选取。绘制每个图样,应根据复杂程度与比例大小,先选定基本线宽 b,再选用表1-5中相应的线宽组。

表1-5　线宽组（mm）

线宽比	线　宽　组			
b	1.4	1.0	0.7	0.5
$0.7b$	1.0	0.7	0.5	0.35
$0.5b$	0.7	0.5	0.35	0.25
$0.25b$	0.35	0.25	0.18	0.13

注:1. 需要缩微的图纸,不宜采用 0.18 mm 及更细的线宽。
　　2. 同一张图纸内,各不同线宽中的细线,可统一采用较细的线宽组的细线。

(2) 工程建设制图应选用表1-6所示的图线。

表1-6　图线

名称		线型	线宽	用途
实线	粗	——————	b	主要可见轮廓线
	中粗	——————	$0.7b$	可见轮廓线、变更云线
	中	——————	$0.5b$	可见轮廓线、尺寸线
	细	——————	$0.25b$	图例填充线、家具线
虚线	粗	– – – – –	b	见各有关专业制图标准
	中粗	– – – – – –	$0.7b$	不可见轮廓线
	中	- - - - - - -	$0.5b$	不可见轮廓线、图例线
	细	··········	$0.25b$	图例填充线、家具线
单点长画线	粗	—·—·—·—	b	见各有关专业制图标准
	中	—·—·—·—	$0.5b$	见各有关专业制图标准
	细	—·—·—·—	$0.25b$	中心线、对称线、轴线
双点长画线	粗	—··—··—	b	见各有关专业制图标准
	中	—··—··—	$0.5b$	见各有关专业制图标准
	细	—··—··—	$0.25b$	假想轮廓线、成型前原始轮廓线
折断线	细	——∿——	$0.25b$	断开界线
波浪线	细	～～～～	$0.25b$	断开界线

(3) 同一张图纸内,相同比例的各图样应选用相同的线宽组。

(4) 图纸的图框和标题栏线可采用表1-7规定的线宽。

(5) 相互平行的图例线,其净间隙或线中间隙不宜小于0.2 mm。

(6) 虚线、单点长画线或双点长画线的线段长度和间隔,宜各自相等。

(7) 单点长画线或双点长画线,当在较小图形中绘制有困难时,可用实线代替。

(8) 单点长画线或双点长画线的两端,不应采用点。点画线与点画线交接或点画线与其他图线交接时,应采用线段交接。

(9) 虚线与虚线交接或虚线与其他图线交接时,应采用线段交接。虚线为实线的延长线时,不得与实线相接。

(10) 图线不得与文字、数字或符号重叠、混淆,不可避免时,应首先保证文字的清晰。

表1-7　图框和标题栏线的宽度（mm）

幅 面 代 号	图框线	标题栏外框线、对中标志	标题栏分格线、幅面线
A0、A1	b	$0.5b$	$0.25b$
A2、A3、A4	b	$0.7b$	$0.35b$

4. 字体

(1) 图纸上所需书写的文字、数字或符号等,均应笔画清晰、字体端正、排列整齐;标点符号应清楚正确。

(2) 文字的字高,应从表1-8中选用。字高大于 10 mm 的文字宜采用 TrueType 字体,如需书写更大的字,其高度应按 $\sqrt{2}$ 的倍数递增。

(3) 图样及说明中的汉字,宜优先采用 TrueType 字体中的宋体,采用矢量字体时应为长仿宋体。同一图纸字体种类不应超过两种。矢量字体的宽高比宜为 0.7,且长仿宋字高宽关系应符合表1-9的规定,打印线宽宜为 0.25～0.35 mm; TrueType 字体宽高比宜为 1。大标题、图册封面、地形图等中的汉字,也可书写成其他字体,但应易于辨认,其宽高比宜为 1。

(4) 汉字的简化字书写应符合国家有关汉字简化方案的规定。

(5) 图样及说明中的字母、数字,宜优先采用 TrueType 字体中的 Roman 字体,书写规则应符合表1-10的规定。

(6) 字母及数字,当需写成斜体字时,其斜度应是从字的底线逆时针向上倾斜75°。斜体字的高度和宽度应与相应的直体字相等。

表1-8　文字的字体种类和字高（mm）

字体种类	汉字矢量字体	TrueType 字体及非汉字矢量字体
字高	3.5、5、7、10、14、20	3、4、6、8、10、14、20

表1-9　长仿宋字高宽关系（mm）

字高	3.5	5	7	10	14	20
字宽	2.5	3.5	5	7	10	14

表 1-10　字母及数字的书写规则

书写格式	字　　体	窄 字 体
大写字母高度	h	h
小写字母高度（上下均无延伸）	$7/10h$	$10/14h$
小写字母伸出的头部或尾部	$3/10h$	$4/14h$
笔画宽度	$1/10h$	$1/14h$
字母间距	$2/10h$	$2/14h$
上下行基准线的最小间距	$15/10h$	$21/14h$
词间距	$6/10h$	$6/14h$

(7) 字母及数字的字高不应小于 2.5 mm。

(8) 数量的数值注写，应采用正体阿拉伯数字。各种计量单位，凡前面有量值的，均应采用国家颁布的单位符号注写。单位符号应采用正体字母。

(9) 分数、百分数和比例数的注写，应采用阿拉伯数字和数字符号。

(10) 当注写的数字小于 1 时，应写出个位的"0"，小数点应采用圆点，齐基准线书写。

5. 比例

(1) 图样的比例，应为图形与实物相对应的线性尺寸之比。

(2) 比例的符号应为"："，比例应以阿拉伯数字表示。

(3) 比例宜注写在图名的右侧，字的基准线应取平；比例的字高宜比图名的字高小一号或二号(见图 1-18)。

(4) 绘图所用的比例，应根据图样的用途与被绘对象的复杂程度，从表 1-11 中选用，并应优先采用表 1-11 中常用比例。

(5) 一般情况下，一个图样应选用一种比例。根据专业制图需要，同一图样可选用两种比例。

(6) 特殊情况下也可自选比例，这时除应注出绘图比例外，还应在适当位置绘制出相应的比例尺。需要缩微的图纸应绘制比例尺。

平面图　1:100　　⑥　1:20

图 1-18　比例的注写

表 1-11　绘图所用的比例

常用比例	1：1、1：2、1：5、1：10、1：20、1：30、1：50、1：100、1：150、1：200、1：500、1：1000、1：2000
可用比例	1：3、1：4、1：6、1：15、1：25、1：40、1：60、1：80、1：250、1：300、1：400、1：600、1：5000、1：10 000、1：20 000、1：50 000、1：100 000、1：200 000

二、装饰施工图符号设置、施工图图例

1. 剖切符号

(1) 剖切符号宜优先选择国际通用方法表示(见图1-19),也可采用常用方法表示(见图1-20),同一套图纸应选用一种表示方法。

装饰施工图深化设计(第二版)

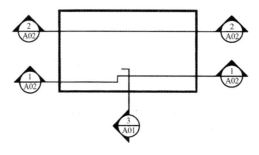

图1-19 剖切符号的国际通用表示方法

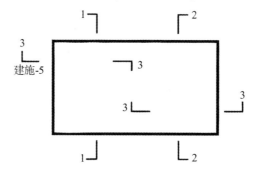

图1-20 剖切符号的常用表示方法

(2) 剖切符号标注的位置应符合下列规定:

①建(构)筑物剖面图的剖切符号应注在 ±0.000 标高的平面图或首层平面图上;

②局部剖切图(不含首层)、断面图的剖切符号应注在包含剖切部位的最下面一层的平面图上。

(3) 采用国际通用剖视表示方法时,剖面及断面的剖切符号应符合下列规定:

①剖面剖切索引符号应由直径为 8~10 mm 的圆和水平直径以及两条相互垂直且外切圆的线段组成,水平直径上方应为索引编号,下方应为图纸编号,线段与圆之间应填充黑色并形成箭头表示剖视方向,索引符号应位于剖线两端;断面及剖视详图剖切符号的索引符号应位于平面图外侧一端,另一端为剖视方向线,长度宜为 7~9 mm,宽度宜为 2 mm。

②剖切线与符号线线宽应为 0.25b。

③需要转折的剖切位置线应连续绘制。

④剖切符号的编号宜由左至右、由下向上连续编排。

(4) 采用常用方法表示时,剖面的剖切符号应由剖切位置线及剖视方向线组

成,均应以粗实线绘制,线宽宜为 b。剖面的剖切符号应符合下列规定:

①剖切位置线的长度宜为 6~10 mm;剖视方向线应垂直于剖切位置线,长度应短于剖切位置线,宜为 4~6 mm。绘制时,剖视剖切符号不应与其他图线相接触。

②剖视剖切符号的编号宜采用粗阿拉伯数字,按剖切顺序由左至右、由下向上连续编排,并应注写在剖视方向线的端部(见图 1-20)。

③需要转折的剖切位置线,应在转角的外侧加注与该符号相同的编号。

④断面的剖切符号应仅用剖切位置线表示,其编号应注写在剖切位置线的一侧;编号所在的一侧应为该断面的剖视方向,其余同剖面的剖切符号(见图 1-21)。

⑤若与被剖切图样不在同一张图内,应在剖切位置线的另一侧注明其所在图纸的编号(见图 1-20),也可在图上集中说明。

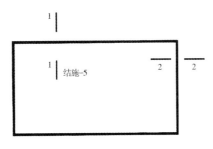

图 1-21　断面的剖切符号

2. 索引符号与详图符号

(1)图样中的某一局部或构件,如需另见详图,应以索引符号索引(见图 1-22(a))。索引符号由直径为 8~10 mm 的圆和水平直径组成,圆及水平直径线宽宜为 0.25b。索引符号编写应符合下列规定:

①当索引出的详图与被索引的详图同在一张图纸内,应在索引符号的上半圆中用阿拉伯数字注明该详图的编号,并在下半圆中间画一段水平细实线(见图 1-22(b))。

②当索引出的详图与被索引的详图不在同一张图纸中时,应在索引符号的上半圆中用阿拉伯数字注明该详图的编号,在索引符号的下半圆用阿拉伯数字注明该详图所在图纸的编号(见图 1-22(c))。数字较多时,可加文字标注。

③当索引出的详图采用标准图时,应在索引符号水平直径的延长线上加注该标准图集的编号(见图 1-22(d))。需要标注比例时,应在文字的索引符号右侧或延长线下方,与符号下对齐。

(2)当索引符号用于索引剖视详图时,应在被剖切的部位绘制剖切位置线,并以引出线引出索引符号,引出线所在的一侧应为剖视方向(见图 1-23)。索引符号的编号应符合上述规定。

(3) 零件、钢筋、杆件及消火栓、配电箱、管井等设备的编号宜以直径为 4~6 mm 的圆表示,圆线宽为 0.25b,同一图样应保持一致,其编号应用阿拉伯数字按顺序编写(见图 1-24)。

(4) 详图的位置和编号应以详图符号表示。详图符号的圆直径应为 14 mm,线宽为 b。详图编号应符合下列规定:

①当详图与被索引的图样同在一张图纸内时,应在详图符号内用阿拉伯数字注明详图的编号(见图 1-25);

②当详图与被索引的图样不在同一张图纸内时,应用细实线在详图符号内画一水平直径,在上半圆中注明详图编号,在下半圆中注明被索引的图纸的编号(见图 1-26)。

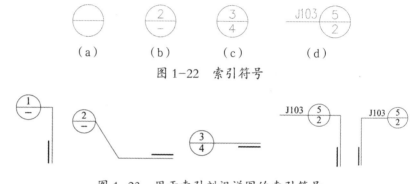

（a）　　　（b）　　　（c）　　　　（d）

图 1-22　索引符号

图 1-23　用于索引剖视详图的索引符号

图 1-24　零件、钢筋等的编号

图 1-25　与被索引图样同在一张
图纸内的详图索引

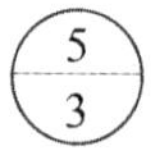

图 1-26　与被索引图样不在同一张
图纸内的详图索引

3. 引出线

(1) 引出线线宽应为 0.25b,宜采用水平方向的直线,或与水平方向成 30°、45°、60°、90° 的直线,并经上述角度再折成水平线。文字说明宜注写在水平线的上方(见图 1-27(a)),也可注写在水平线的端部(见图 1-27(b))。索引详图的引出线,应与水平直径线相连接(见图 1-27(c))。

(2) 同时引出的几个相同部分的引出线,宜互相平行(见图 1-28(a)),也可画成集中于一点的放射线(图 1-28(b))。

(3) 多层构造或多层管道共用引出线,应通过被引出的各层,并用圆点示意对应各层次,如图 1-29 所示。文字说明宜注写在水平线的上方,或注写在水平线的端部,说明的顺序应由上至下,并应与被说明的层次对应一致;如层次为横向排序,则由上至下的说明顺序应与由左至右的层次对应一致。

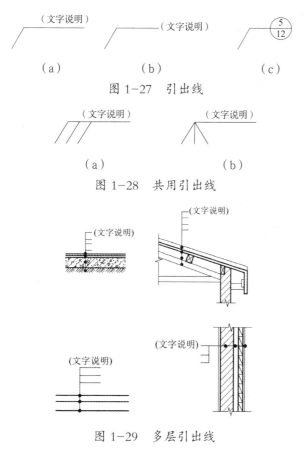

图 1-27 引出线

图 1-28 共用引出线

图 1-29 多层引出线

4. 其他符号

(1) 对称符号(见图 1-30(a))应由对称线和两端的两对平行线组成。对称线应用单点长画线绘制,线宽宜为 0.25b;平行线应用实线绘制,其长度宜为 6~10 mm,每对的间距宜为 2~3 mm,线宽宜为 0.5b;对称线应垂直平分两对平行线,两端超出平行线宜为 2~3 mm。

(2) 连接符号应以折断线表示需连接的部分。两部位相距过远时,折断线两端靠图样一侧应标注大写英文字母表示连接编号(见图 1-30(b))。两个被连接的图样应用相同的字母编号。

(3) 指北针的形状宜符合图 1-30(c)的规定,其圆的直径宜为 24 mm,用细实线绘制;指针尾部的宽度宜为 3 mm,指针头部应注"北"或"N"字。需用较大直径绘制指北针时,指针尾部的宽度宜为直径的 1/8。

(4) 指北针与风玫瑰结合(见图 1-30(d))时宜采用互相垂直的线段,线段两端应超出风玫瑰轮廓线 2~3 mm,垂点宜为风玫瑰中心,北向应注"北"或"N"

字,组成风玫瑰的所有线宽均宜为 0.5b。

(5)对图纸中局部变更部分宜采用云线,并宜注明修改版次。修改版次符号宜为边长 0.8 cm 的正等边三角形,修改版次应采用数字表示(见图 1-30(e))。变更云线的线宽宜按 0.7b 绘制。

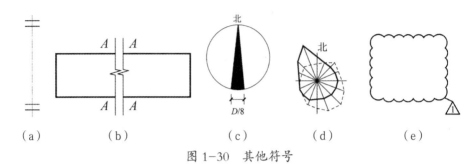

(a)　　　　(b)　　　　(c)　　　　(d)　　　　(e)

图 1-30　其他符号

5. 常用建筑材料图例

(1)相关标准只规定常用建筑材料的图例画法,对其尺度比例不做具体规定。使用时,应根据图样大小而定,并应符合下列规定:

①图例线应间隔均匀、疏密适度,做到图例正确、表示清楚;

②不同品种的同类材料使用同一图例时,应在图上附加必要的说明;

③两个相同的图例相接时,图例线宜错开或使倾斜方向相反(见图 1-31);

④两个相邻的填黑或灰的图例间应留有空隙,其净宽度不得小于 0.5 mm(见图 1-32)。

(2)下列情况可不绘制图例,但应增加文字说明:

①一张图纸内的图样只采用一种图例;

②图形较小无法绘制表达建筑材料图例。

(3)需画出的建筑材料图例面积过大时,可在断面轮廓线内沿轮廓线做局部表示(见图 1-33)。

(4)当选用相关标准中未包括的建筑材料时,可自编图例,但不得与相关标准所列的图例重复。绘制时,应在适当位置画出该材料图例,并加以说明。

(5)常用建筑材料图例应按表 1-12 所示画法绘制。

图 1-31　相同图例相接时的画法　　　　图 1-32　相邻填黑图例的画法

图 1-33　局部表示图例

表 1-12 常用建筑材料图例

序号	名 称	图 例	备 注
1	自然土壤		包括各种自然土壤
2	夯实土壤		
3	沙、灰土		
4	砂砾石、碎砖、三合土		
5	石材		
6	毛石		
7	实心砖、多孔砖		包括普通砖、多孔砖、混凝土砖等砌体
8	耐火砖		包括耐酸砖等砌块
9	空心砖、空心砌块		包括普通或轻骨料混凝土小型空心砌块等砌体
10	加气混凝土		包括加气混凝土砌块砌体、加气混凝土墙板及加气混凝土材料制品等
11	饰面砖		包括铺地砖、玻璃马赛克、陶瓷锦砖、人造大理石等
12	焦渣、矿渣		包括与水泥石灰等混合而成的材料
13	混凝土		包括各种强度等级,含骨料、添加剂的混凝土
14	钢筋混凝土		在剖面上表达钢筋时,不需绘制图例线;断面图形较小、不宜绘制表达图例时,可填黑或深灰(灰度宜为70%)
15	多孔材料		包括水泥珍珠岩、沥青珍珠岩、泡沫混凝土、软木、蛭石制品等

装饰施工图深化设计（第二版）

序号	名　称	图　例	备　注
16	纤维材料		包括矿棉、岩棉、玻璃棉、麻丝、木丝板、纤维板等
17	泡沫塑料		包括聚苯乙烯、聚乙烯、聚氨酯等多孔聚合物类材料
18	木材		上图为横断面，左上图为垫木、木砖或木龙骨；下图为纵断面
19	胶合板		应注明为×层胶合板
20	石膏板		包括圆孔或方孔石膏板、防水石膏板、硅钙板、防火石膏板等
21	金属		各种金属，图形较小时，可填黑或深灰(灰度宜为70%)
22	网状材料		包括金属、塑料网状材料，应注明具体材料名称
23	液体		应注明具体液体名称
24	玻璃		包括平板玻璃、磨砂玻璃、夹丝玻璃、钢化玻璃、中空玻璃、夹层玻璃、镀膜玻璃等
25	橡胶		
26	塑料		包括各种软、硬塑料及有机玻璃等
27	防水材料		构造层次多或绘制比例大时，采用上面的图例
28	粉刷		本图例采用较稀的点

注：1. 本表中所列图例通常在1∶50及以上比例的详图中绘制表达。
　　2. 如需表达砖、砌块等砌体墙的承重情况，可通过在原有建筑材料图例上增加填灰等方式进行区分，灰度宜为25%左右。
　　3. 序号1、2、5、7、8、14、15、21图例中的斜线、短斜线、交叉线等均为45°。

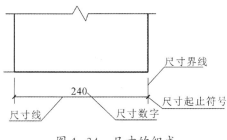
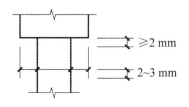

图 1-34　尺寸的组成　　　　　图 1-35　尺寸界线及标注要求

三、尺寸标注与标高

1.尺寸界线、尺寸线及尺寸起止符号

(1) 图样上的尺寸,应包括尺寸界线、尺寸线、尺寸起止符号和尺寸数字(见图 1-34)。

(2) 尺寸界线应用细实线绘制,应与被注长度垂直,其一端应离开图样轮廓线不少于 2 mm,另一端宜超出尺寸线 2~3 mm(见图 1-35)。图样轮廓线可用作尺寸界线。

(3)尺寸线应用细实线绘制,应与被注长度平行,两端宜以尺寸界线为边界,也可超出尺寸界线 2~3 mm。图样本身的任何图线均不得用作尺寸线。

(4)尺寸起止符号用中粗斜短线绘制,其倾斜方向应与尺寸界线成顺时针 45° 角,长度宜为 2~3 mm。轴测图中用小圆点表示尺寸起止符号(见图 1-36(a)),小圆点直径为 1 mm。半径、直径、角度与弧长的尺寸起止符号,宜用箭头表示,箭头宽度 b 不宜小于 1 mm(见图 1-36(b))。

2.尺寸数字

(1)图样上的尺寸,应以尺寸数字为准,不应从图上直接量取。

(2)图样上的尺寸单位,除标高及总平面以米为单位外,其他必须以毫米为单位。

(3)尺寸数字的方向,应按图 1-37(a)的规定注写。若尺寸数字在 30° 斜线区内,也可按图 1-37(b)的形式注写。

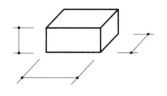

（a）轴测图尺寸起止符号　　　　　（b）箭头尺寸起止符号

图 1-36　尺寸起止符号

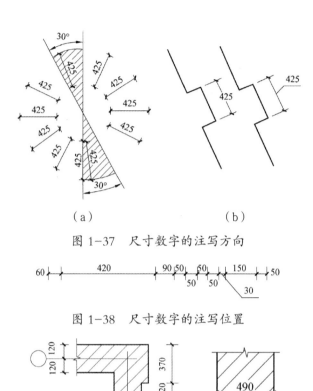

图 1-37 尺寸数字的注写方向

图 1-38 尺寸数字的注写位置

图 1-39 尺寸标注的位置

(4) 尺寸数字应依据其方向注写在靠近尺寸线的上方中部。如没有足够的注写位置，最外边的尺寸数字可注写在尺寸界线的外侧，中间相邻的尺寸数字可上下错开注写，可用引出线表示标注尺寸的位置（见图 1-38）。

3. 尺寸标注的排列与布置

(1) 尺寸宜标注在图样轮廓以外，不宜与图线、文字及符号等相交（见图 1-39）。

(2) 互相平行的尺寸线，应从被注写的图样轮廓线由近向远整齐排列，较小尺寸应离轮廓线较近，较大尺寸应离轮廓线较远（见图 1-40）。

(3) 图样轮廓线以外的尺寸界线，距图样最外轮廓之间的距离不宜小于 10 mm。平行排列的尺寸线的间距宜为 7～10 mm，并应保持一致（见图 1-40）。

(4) 总尺寸的尺寸界线应靠近所指部位，中间的分尺寸的尺寸界线可稍短，但其长度应相等。

4. 标高

(1) 标高符号应以等腰直角三角形表示，并应按图 1-41(a) 所示形式用细实线绘制，如标注位置不够，也可按图 1-41(b) 所示形式绘制。标高符号的具体画法可按图 1-41(c)、图 1-41(d)所示。

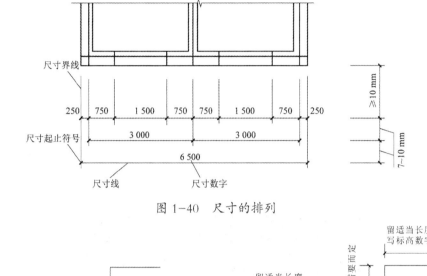

图 1-40　尺寸的排列

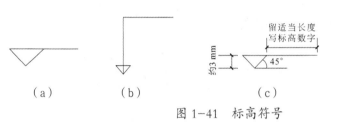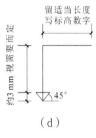

图 1-41　标高符号

(2) 总平面图室外地坪标高符号宜用涂黑的三角形表示,具体画法如图 1-42 所示。

(3) 标高符号的尖端应指至被注高度的位置。尖端宜向下,也可向上。标高数字应注写在标高符号的上方或下方(见图 1-43)。

(4) 标高数字应以米为单位,注写到小数点以后第三位。在总平面图中,可注写到小数点以后第二位。

(5) 零点标高应注写成 ±0.000,正数标高不注" + ",负数标高应注"－",例如 3.000、-0.600。

(6) 在图样的同一位置需表示几个不同标高时,标高数字可按图 1-44 所示的形式注写。

图 1-42　总平面图室外地坪标高符号

图 1-43　标高的指向　　　图 1-44　同一位置注写多个标高数字

第四节 实操训练——展台施工图绘制

学习目标:初步学习施工图绘制的步骤与方法。

技能目标:掌握用 AutoCAD 绘制施工图的要点。

任务描述:根据展台施工图设计文件(见图1-45至图1-48,扫码可见CAD文件)及案例步骤,绘制展台施工图,要求:

1. 图形绘制完整、准确;

2. 线型、线宽运用准确;

3. 比例设置合理,符合制图规范要求;

4. 尺寸标注规范、完整。

图1-45 展台正立面效果图

图1-46 展台侧立面效果图

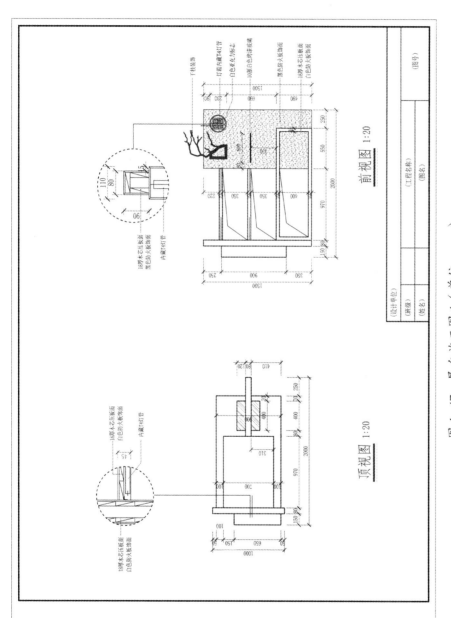

图 1-47 展台施工图 1 (单位：mm)

第一篇 基础理论篇

装饰施工图深化设计（第二版）

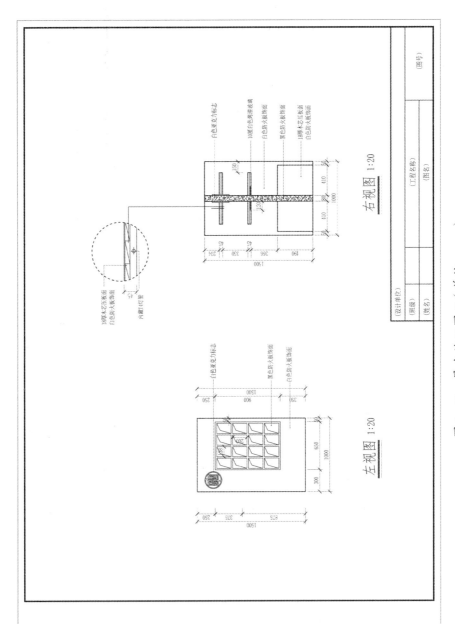

图1-48 展台施工图2（单位：mm）

一、展台顶视图绘制

1. "模型"空间编辑

(1)打开 AutoCAD 2018 软件,按快捷键 "Ctrl+N"新建文件,按 "Ctrl+S"键保存文件,命名为"展台"。

(2)输入快捷命令"UN",弹出"图形单位"对话框,将长度"类型"设置为"小数",把"精度"设置为"0","插入时的缩放单位"设置为"毫米",如图1-49所示。

(3)输入快捷命令"LA"或者选择"格式"—"图层"命令打开"图层特性管理器"窗口,参照图1-50新建图层。

图1-49 图形单位设置 图1-50 新建图层

(4)将相应图层设置为当前层,按快捷键"L"使用直线工具按照图1-47中顶视图所示尺寸绘制图形,并使用偏移、复制、剪切等命令编辑图形,完成展台顶视图轮廓绘制,如图1-51所示。

(5)设置"填充"图层为当前层,按快捷键"H"使用图案填充命令对展台柜体上的玻璃进行(俯视)图例填充,如图1-52所示。

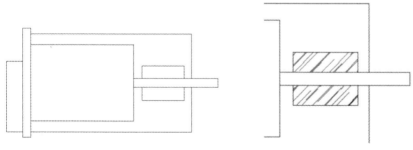

图1-51 顶视图轮廓 图1-52 填充玻璃图例

2. "布局"空间编辑

(1)切换到"布局"页面,输入快捷命令"OP"打开"选项"窗口,如图1-53、图1-54所示进行设置。

装饰施工图深化设计(第二版)

图 1-53　"选项"窗口中的设置　　图 1-54　设置图形窗口颜色

(2)创建视口,确定比例。

在"布局"空间,复制 A3 图框(此处选择学生用图框),选择菜单中"布局"—"布局视口",点击"矩形"按钮,用鼠标左键在 A3 图框内创建视口,如图 1-55、图 1-56 所示。

用鼠标双击视口进入视口,在命令行里键入"Z",按回车键,输入比例因子(为"1/20XP"并按回车键),然后可以用平移命令将图移动到合适的位置。这里要注意,一定要在输入比例的后边加上"XP"才会设置成要打印的比例。

双击视口外空白区域,退出视口编辑,选择视口边框,单击鼠标右键选择"显示锁定",选择"是",锁定视口,如图 1-57 所示。将视口线调整到软件默认不打印图层"Defpoints"。

(3)绘制剖面节点大样图。

在"模型"空间,按照图纸所示尺寸,用直线、剪切、偏移等工具对具体的展台顶视图中的剖切部位进行具体绘制,如图 1-58 所示。

图 1-55　选择"矩形"工具

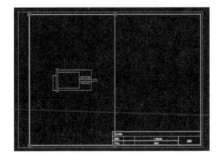

图 1-56　创建视口　　　　　　图 1-57　锁定视口

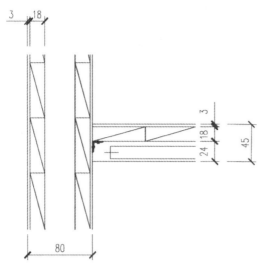

图 1-58 绘制剖切部分

在"布局"空间按快捷键"C",绘制半径为 20 mm 的圆形,选择圆,执行"布局"—"对象"命令,将圆转换为视口,如图 1-59 所示。

用鼠标双击圆形视口,在命令行里键入"Z"并按回车键,输入比例因子(为"1/5XP"),然后用平移命令将图移动到合适的位置。

双击视口外空白区域,退出视口编辑,选择视口边框,单击鼠标右键选择"显示锁定",选择"是",锁定视口。

将圆形设置为虚线,如图 1-60 所示。

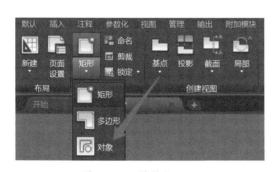

图 1-59 转换视口

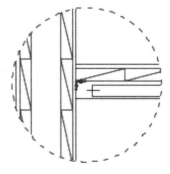

图 1-60 将圆改为虚线

3. 文字及标注样式设置与添加

(1)文字样式设置。

输入快捷命令"ST"打开"文字样式"窗口,设置文字样式,如图 1-61、图 1-62 所示。

(2)标注样式设置。

按快捷键"D"调出标注样式管理器。点击右侧"新建"按钮,基本样式选择

"ISO-25",点击"继续"。

图1-61　设置汉字格式

图1-62　设置非汉字格式

在弹出的"新建标注样式"对话框里,对"线"选项卡进行设置,如图1-63所示。

对"符号和箭头"选项卡和"文字"选项卡进行设置,如图1-64和图1-65所示。

在"调整"选项卡上,点选"将标注缩放到布局",如图1-66所示。

对"主单位"选项卡进行设置,如图1-67所示。

图1-63　设置"线"选项卡

图1-64　设置"符号和箭头"选项卡

图1-65　设置"文字"选项卡

图1-66　设置"调整"选项卡

图 1-67　设置"主单位"选项卡

(3)添加尺寸标注。

将"标注"图层置为当前层,双击矩形视口进入视口编辑,添加尺寸标注,包括定位与定形尺寸,标注到视口内,双击视口外空白处,退出视口编辑,如图1-68所示。

(4)添加文字信息、相关符号等,注写图名(注意:这部分内容应注写在圆形视口外)。

在剖切位置绘制剖切线,连接圆形视口,如图1-69所示。

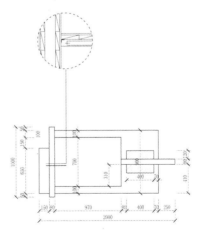

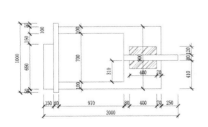

图 1-68　矩形视口内添加尺寸标注　　　　图 1-69　连接圆形视口

输入快捷命令"LE",选择"汉字"文字样式,在圆形视口外进行文字标注,并绘制必要的引出线及尺寸标注,如图1-70所示。

按快捷键"T",选择"汉字"文字样式,字高设为"7",注写图名;再将字高设为"5",注写比例,在图名下加画粗实线及细实线,如图1-71所示。

装饰施工图深化设计（第二版）

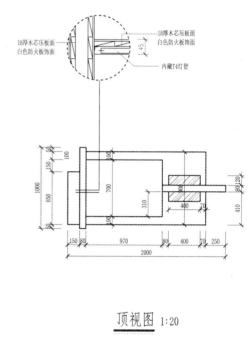

顶视图 1:20

图 1-70　添加文字标注及引出线　　图 1-71　添加图名、比例及图名下线条

二、展台前视图绘制

1."模型"空间编辑

(1)在"模型"空间继续绘制展台前视图,根据图 1-47 所示的展台前视图的具体尺寸绘制轮廓,如图 1-72 所示。

(2)选择"绘图"—"填充"命令或者按快捷键"H",对展台黑色防火板饰面进行图案填充,并且利用"插入"—"块"命令依次插入干枝装饰、标志及灯箱灯管等图块到图中合适的位置,如图 1-73 所示。

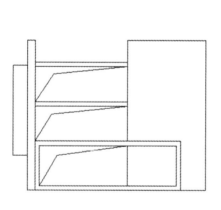

图 1-72　绘制轮廓

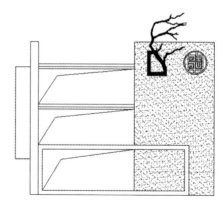

图 1-73　插入图块

(3)绘制剖面图。按照图 1-47 所示尺寸完成剖面图绘制,如图 1-74 所示。

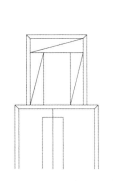
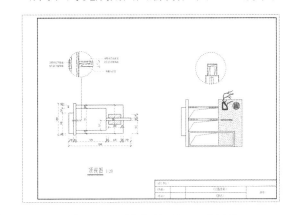

图 1-74　绘制剖面图　　　　　图 1-75　创建圆形视口并调整

2. "布局" 空间编辑

(1)创建视口,确定比例。

切换到"布局"空间,创建矩形视口,并确定比例为 1∶20,锁定视口,并将视口线调整到软件默认不打印图层"Defpoints"。创建半径为 25 mm 的圆形视口,确定比例为 1∶10,圆形视口调整为虚线,如图 1-75 所示。

(2)添加前视图轮廓尺寸标注。

将"标注"图层置为当前层,双击矩形视口进入视口编辑,添加尺寸标注,包括定位与定形尺寸,标注到视口内,双击视口外空白处,退出视口编辑,如图 1-76 所示。

(3)双击圆形视口进入视口编辑,添加尺寸标注,双击视口外空白处,退出视口编辑,如图 1-77 所示。

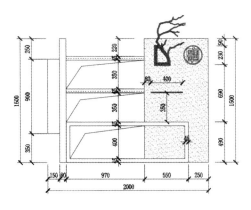
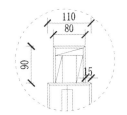

图 1-76　添加前视图轮廓尺寸　　　图 1-77　添加圆形视口
　　　　　　　　　　　　　　　　　　　　　　尺寸标注

(4)在剖切位置绘制剖切线,连接圆形视口,如图 1-78 所示。

(5)添加文字信息、相关符号等,注写图名(注意:这部分内容应注写在圆形

视口外)。

　　输入快捷命令"LE",选择"汉字"文字样式,在圆形视口外进行文字标注。

　　按快捷键"T",选择"汉字"文字样式,字高设为"7",注写图名;字高设为"5",注写比例。在图名下加画粗实线及细实线,如图1-79所示。

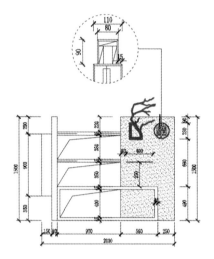

图1-78　绘制剖切线及连接线　　　　图1-79　完成前视图绘制

　　至此,本张图纸绘制基本完成,如图1-80所示。

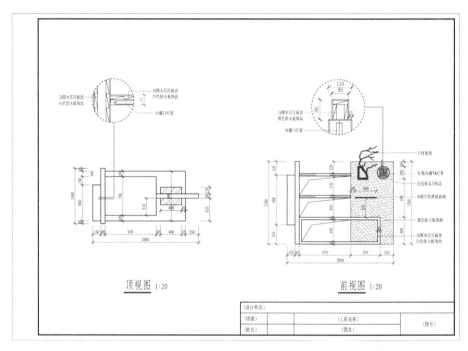

图1-80　顶视图及前视图绘制

(6)完善标题栏文字信息,将标题栏内容填写完整。

52

装饰施工图深化设计(第二版)

三、展台左视图绘制

1."模型"空间绘制

(1)绘制图形轮廓。

在"模型"空间绘制展台左视图。根据图1-48所示的展台左视图具体尺寸绘制轮廓,如图1-81所示。

(2)插入图块。

选择"插入"—"块"命令插入亚克力标志的图块到图中合适的位置,如图1-82所示。

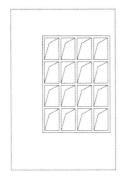

图1-81 绘制左视图轮廓

图1-82 插入标志图块

2."布局"空间绘制

(1)创建视口,确定比例。

切换到"布局"空间,复制A3图框(选择学生用图框),创建矩形视口,如图1-83所示,并确定比例为1∶20,锁定视口,并将视口线调整到软件默认不打印图层"Defpoints"。

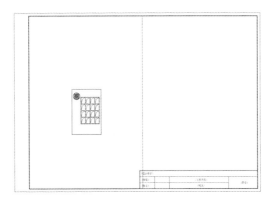

图1-83 创建视口

(2)添加尺寸标注。

将"标注"图层置为当前层,双击矩形视口进入视口编辑,添加尺寸标注,如图1-84所示,包括定位与定形尺寸,标注到视口内,双击视口外空白处,退出视

第一篇 基础理论篇

口编辑。

(3)添加文字信息、相关符号等,注写图名(注意:这部分内容应注写在视口外)。

输入快捷命令"LE",选择"汉字"文字样式,在视口外进行文字标注,如图1-85所示。

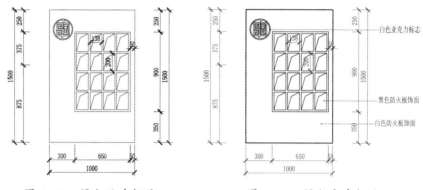

图 1-84　添加尺寸标注　　　　　图 1-85　添加文字标注

按快捷键"T",选择"汉字"文字样式,字高设为"7",注写图名;字高设为"5",注写比例。在图名下加画粗实线及细实线,完成左视图绘制,如图1-86所示。

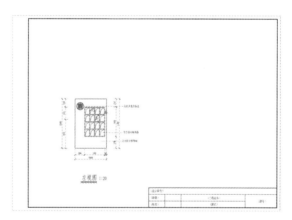

图 1-86　完成左视图绘制

四、展台右视图绘制

1."模型"空间绘制

(1)在"模型"空间继续绘制展台右视图。根据图1-48所示的展台右视图具体尺寸绘制轮廓,如图1-87所示。

(2)按快捷键"H",对展台黑色防火板饰面以及烤漆玻璃进行图案填充,如图1-88所示。

装饰施工图深化设计(第二版)

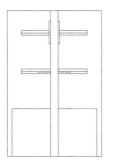

图 1-87　绘制右视图轮廓

图 1-88　图案填充

(3)绘制剖面图。按照图 1-48 所示尺寸完成剖面图绘制,如图 1-89 所示。

2."布局"空间编辑

(1)切换到"布局"空间,创建矩形视口,并确定比例为 1∶20,锁定视口,并将视口线调整到软件默认不打印图层"Defpoints"。创建半径为 20 mm 的圆形视口,确定比例为 1∶10,圆形视口调整为虚线,如图 1-90 所示。

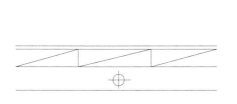

图 1-89　绘制剖面图

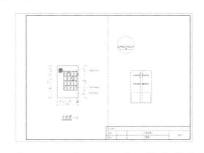

图 1-90　圆形视口线调整为虚线

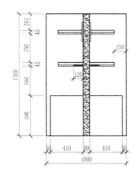

图 1-91　右视图主体尺寸标注

(2)添加尺寸标注。将"标注"图层置为当前层,双击矩形视口进入视口编辑,添加尺寸标注,包括定位与定形尺寸,标注到视口内,双击视口外空白处,退出视口编辑,如图 1-91 所示。用同样的方法添加剖面图尺寸标注。

(3)在剖切位置绘制剖切线,连接圆形视口,如图 1-92 所示。

(4)添加文字信息、相关符号等,注写图名(注意:这部分内容应注写在视口外)。

第一篇　基础理论篇

输入快捷命令"LE",选择"汉字"文字样式,在视口外进行文字标注,如图1-93所示。

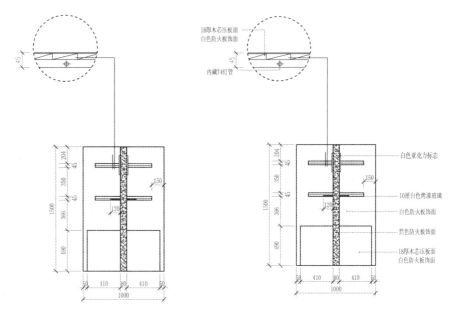

装饰施工图深化设计(第二版)

图 1-92 绘制剖切线及连接线　　　　　图 1-93 添加文字标注

按快捷键"T",选择"汉字"文字样式,字高设为"7",注写图名;字高设为"5",注写比例。在图名下加画粗实线及细实线,完成右视图的绘制,如图1-94所示。

(5)完善标题栏文字信息,将标题栏内容填写完整。

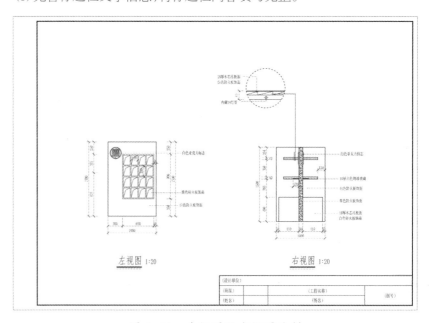

图 1-94 左视图及右视图绘制

加强基础知识的学习

在一次回答记者提问时，李克强总理提到，青年学生们不管将来从事什么职业、有什么样的志向，一定要注意加强基础知识的学习，打牢基本功和培育创新能力是并行不悖的，树高千尺，营养还在根部。青年学生们把基础打牢了，将来就可以触类旁通，行行都可以写出精彩。

2021年3月，李克强总理在谈到基础研究问题时指出，多年来，我国在科技创新领域有一些重大突破，在应用创新领域发展得也很快，但是在基础研究领域的确存在着不足。要建设科技强国，提升科技创新能力，必须打牢基础研究和应用基础研究这个根基。打多深的基才能盖多高的楼，不能急功近利，要一步一个脚印地走。目前我国全社会研发投入占GDP的比重还不高，尤其是基础研究投入只占到研发投入的6%，而发达国家通常是15%到25%。我们下一步要加大基础研究的投入，还要继续改革科技体制。让科研人员有自主权，很重要的是要让科研人员有经费使用的自主权，不能把科研人员宝贵的精力花在填表、评比等事务上，还是要让他们心无旁骛去搞研究，厚积才能薄发。

第一篇 基础理论篇

第二篇

实战准备篇

本篇基于装饰设计的工作流程,以确定项目的实际情况为开展设计的前提。在确定项目的实际情况的阶段,要对需要装饰装修的房屋进行系统的测量,也就是俗称的"量房"。通过进行量房,设计师能更好地了解房屋的具体尺寸、管线及点位布局,从而细致地开展设计。学生也可从这一步更好地理解、体会房屋的结构、空间的尺度等。

室内施工图是在建筑施工图的基础上绘制出来的,它按照正投影的方法作图,表达装饰设计意图,用于与业主进行交流沟通并指导施工。室内施工图是工程信息的载体,是进行室内工程施工的主要依据。在设计绘图阶段,学生还要充分了解制图规范、方案表现、汇报交流等相关内容,从而完善装修设计流程。

本篇学习内容分为三个部分:

· 室内设计前期调研的一般工作过程,着重学习量房的工作流程。
· 建筑装饰工程施工图的形成原理。
· 室内设计施工图制图规范,通过实战练习熟悉并掌握。

知识目标

· 掌握建筑装饰施工图上各种图线、符号的国家标准和要求。
· 学会建筑装饰施工图的识读、绘制方法,正确绘制装饰平面图、立面图、剖面图、详图等。
· 掌握在项目前期现场办公的工作流程。

技能目标

· 能够熟练掌握测量工具并知晓量房工作流程。
· 能够现场手绘平面图并精准标注测量数据。
· 掌握制图符号的意义及用法,熟练进行尺寸标注和文字标注。
· 掌握施工图图册的编制要求。

劳动培养

室内设计不仅仅是停留在图纸上的一项工作,其主要目的是满足使用需求、提升使用品质,是一项服务性较强的工作。基于工作流程的需求,学生要在工作流程中经常深入工地,了解项目的基础情况和工程现状。本篇内容致力于使学生正确认识现场劳动和绘图劳动两项劳动内容之间的关系,明确"设计不能脱离实际""设计的基准源于实际"的劳动观念,培养多深入工地现场的劳动意识。

教学建议

建议运用任务驱动法,在课堂教学设计环节向学生提出明确任务和完成的计划与步骤。重点是使学生掌握任务完成过程中涉及的国家制图标准和规范。
· 通过测量教室、宿舍等建筑物的内部空间,调动学生动手实践的积极性,增加实践体验感。

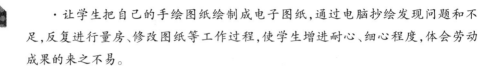

·让学生把自己的手绘图纸绘制成电子图纸,通过电脑抄绘发现问题和不足,反复进行量房、修改图纸等工作过程,使学生增进耐心、细心程度,体会劳动成果的来之不易。

第一节 建筑装饰工程平面图

一、建筑装饰工程平面图的形成

建筑装饰工程平面图一般包括平面布置图(见图 2-1)和顶棚平面图;当地面和顶棚装饰复杂时,还应包括房屋现状平面图、墙体拆改平面图、地面铺装图(地面平面图)、设备设施布置图等。

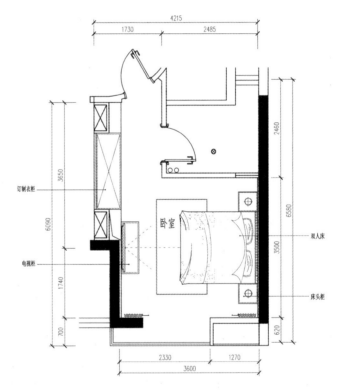

图 2-1 平面布置图(单位:mm)

我们假想用一个水平剖切平面,在窗台以上的位置上把整个房屋剖开,移去上面部分,然后自上而下投影,在水平剖切平面上所显示的正投影,就是平面布置图。

建筑装饰工程平面图主要用来表示房屋室内的详细布置和装饰情况,是进行施工改造、地面铺设和家具陈设等工作的依据。建筑装饰工程平面图应包括墙体的位置、功能区域划分、家具陈设布置、地面材料的选用等;另外,需要标注有关设施的定位尺寸,包括固定隔断与固定家具之间、墙体之间的距离,家具的尺寸等。

建筑装饰工程平面图的图名应写在图样下方。可以按照楼层层数来注写,如"一层平面图",或用空间的名称来注明,如"客厅平面图""主卫平面图"等。地坪面层装饰的做法一般可在平面布置图中用图形和文字表示,为了使人对地面装修材料更加清楚,也可单独绘制地面铺装图,详细注明材料品种、规格、色彩等。

二、建筑装饰工程平面图的内容和要求

1.绘图规定

(1)平面图应按正投影法绘制。

(2)平面图应表达室内水平界面中正投影方向的物象。

(3)平面图中应注写房间的名称或编号,编号应注写在直径为 6 mm、以细实线绘制的圆圈内,其字体应大于图中索引用文字标注;应将同一张图纸上的房间名称表列出。

(4)对平面图中的装饰装修物品应注写名称或用相应的图例符号表示。

(5)为了表达清楚立面图在平面图上的位置,在平面图上应表示出相应的索引符号。

(6)平面图上未被剖切到的墙体如有洞、龛等,用细虚线表明其位置。

2.绘图要点

(1)绘图前应设置绘图界限,确定图幅及绘图的总尺寸,以及适合的制图比例。一般而言,总平面布置图、顶棚平面图、地面布置图的绘图比例有 1∶200、1∶150、1∶100 等。

(2)应表达建筑轴线、轴线编号、轴线间尺寸及总尺寸,并应使轴线编号与原建筑平面图一致。

(3)墙体的定位轴线用细单点长画线。轴线编号的圆圈用细实线绘制,圆圈直径为 8~10 mm。水平方向的编号用阿拉伯数字,从左向右依次编写。垂直方向的编号用大写拉丁字母自下而上顺次编写(A~E)。I、O 及 Z 三个字母不得作为轴线编号,以免与数字 1、0 及 2 混淆。

(4)绘制墙体用粗实线,为钢筋混凝土墙、柱则可整体涂黑。

(5)楼梯、门窗、散水等建筑细部外轮廓线为中实线或细实线,建筑细部内部轮廓线为细实线。

(6)门窗按图例统一画出。

(7)家具陈设等设备设施的外轮廓线一般用中实线或细实线绘制,内部轮廓

线用细实线绘制,地面材质、绿化等均用细实线。室内细部(包括家具与陈设,如固定设备设施、绿化景观、地面等)表现可参考常用室内工程图例。

(8)除标高标注用米(m)外,其他尺寸标注均以毫米(mm)为单位。

(9)图名、比例一般写在整个平面图下方,图名采用长仿宋体(宽高比为0.7),图名字高一般为5 mm、7 mm或10 mm,比例的字高宜比图名的字高小一号或二号。

(10)平面图中房间名称一般用5 mm高长仿宋体,材料及其他说明中的汉字宜采用高不小于3.5 mm的长仿宋体。

(11)拉丁字母、阿拉伯数字与罗马数字的字高,不应小于2.5 mm。

(12)房屋建筑室内装饰装修平面图中,设计空间应标注标高,标高符号采用直角等腰三角形,可涂黑,标注顶棚标高时,可采用"CH"符号表示。

(13)立面索引符号可表示室内立面在平面图上的位置及立面图所在图纸编号。立面索引符号应由圆圈、水平直径组成,且圆圈及水平直径应以细实线绘制。根据图面比例,圆圈直径可选择8~10 mm。圆圈内应注明编号及索引图所在页码。

(14)在整幅图的右下角或右上角画出指北针,指北针的要求同建筑工程平面图。

建筑装饰工程平面图如图2-2所示。

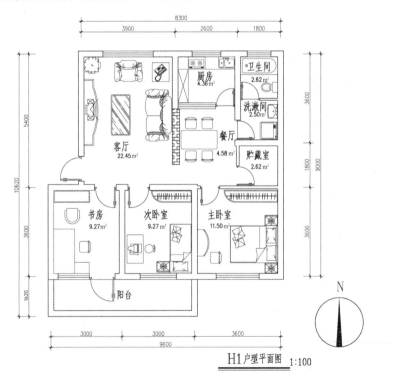

图2-2 建筑装饰工程平面图(单位:mm)

装饰施工图深化设计(第二版)

三、地面铺装图

　　地面铺装图是表示地面做法的图样,如图2-3所示。当地面做法比较复杂,既有多种材料还有不同的形式组合时,需要画出地面铺装图。若地面做法简单,只要在平面布置图上标注地面做法即可。

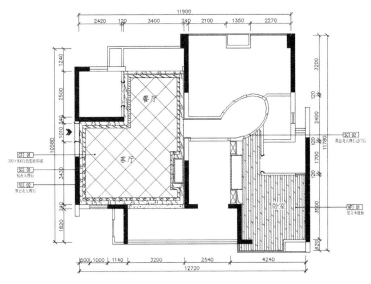

图 2-3　地面铺装图（单位：mm）

　　地面铺装图绘图内容如下:

　　(1)原有墙、柱、门窗、楼梯、电梯、管道井、阳台、栏杆、台阶、坡道等的平面尺寸及文字标注。

　　(2)固定于地面的设施和设备,如固定家具、设备与造景,及其平面尺寸和必要的材料说明。

　　(3)地坪材料的名称、规格及编号。如做分格,应标出分格大小;如做图案,要标注尺寸,必要时可另画详图,并标注出详图索引符号。

　　(4)地坪相对标高,要标注清楚。

　　(5)轴线编号、轴线尺寸和总尺寸。

　　(6)图名、比例及标题栏内相关内容。

第二节　建筑装饰工程顶棚平面图

一、建筑装饰工程顶棚平面图的形成

　　顶棚平面图(又称天花平面图)是假想用一剖切平面通过门洞的上方将房屋

剖开后,对剖切平面上方的部分自下而上正投影所得图样,用以表达顶棚造型、材料、灯具、消防和空调系统的位置。顶棚平面图的纵横轴线排列与建筑平面图应完全一致,方便相互对照和识读。

顶棚平面图所用比例与线型一般与平面布置图保持一致,顶棚平面图纵横向轴线排列也应与平面布置图完全相同。

二、建筑装饰工程顶棚平面图的内容和要求

顶棚平面图应省去平面图中门的图例部分,并用细实线表明其位置。墙体立面的洞、龛等在顶棚平面图中用细虚线表明其位置。

施工图中的顶棚平面图应包括顶棚总平面图、顶棚灯具布置图、顶棚综合布点图等。

施工图中顶棚平面图绘制要点:

(1)顶棚总平面图应包括顶棚造型、顶棚装饰、灯具布置、消防设施及其他设备布置等内容,应标注顶棚装饰材料的种类、拼接图案、不同材料分界线等。

(2)装饰装修楼层顶棚平面图中应标明顶棚造型以及天窗、构件、装饰垂挂物及其他装饰配件和饰品的位置,注明定位尺寸、标高或高度、材料名称和做法;对于对称平面,对称部分的内部尺寸可省略,对称轴处画对称符号,轴线号不得省略。楼层标准层可共用同一顶棚平面图,应注明层次范围及各层标高。

(3)顶棚综合布点图中应标明顶棚装饰装修造型与设备设施的位置、尺寸关系。

(4)顶棚灯具布置图中应标注所有明装和暗藏的灯具、发光顶棚、空调风口、喷头、探测器、防火卷帘、疏散和指示标志牌等的位置,标明定位尺寸、材料名称、编号及做法。

(5)顶棚平面图实际上是水平剖面图。一般情况下,凡是剖到的墙、柱轮廓线应用粗实线表示;室内顶棚造型投影线用中实线表示;其余投影线及各类灯具、设备等用细实线表示。另外,吊顶暗藏灯带用细虚线表示。

(6)顶棚平面图应表达顶棚造型、顶棚装饰等内容;若顶棚设计有图案,应表达拼接图案、不同材料的分界线等;若造型图案较为复杂,可另外绘制大样图。

(7)室内常用灯具有吊顶灯带、筒灯、射灯、吸顶灯、镜前灯等类型,种类较多,在目前的装饰行业基本形成了统一的灯具图例,在绘制顶棚平面图时直接引用图例即可。

(8)吊顶的装饰材料一般有石膏板、矿棉板、胶合板、塑料扣板、铝合金条板、铝合金方板、铝合金格栅、铝塑板、玻璃等。对于不同材料的装饰吊顶,需要用不同的线条、网格或其他形式表示。顶棚每个造型部位、每个分层吊顶均要进行材料标注;对于特殊材料和工艺的装饰部分,需要进行必要的文字标注。

(9)同一套装饰施工图纸中,同种装饰材料应该用同种纹理图案填充。

三、顶棚尺寸图

当室内设计吊顶工程比较复杂时,为将设计意图表达清晰完整,一般需要绘制顶棚尺寸图,如图2-4所示。其主要内容如下:

(1) 表达建筑平面轴号与轴线等关系。

(2) 室内空间的造型关系及门窗洞口的位置。

(3) 室内顶棚详细的装修安装尺寸。

(4) 顶棚上的灯具及其他装饰物的定位尺寸。

(5) 窗帘、窗帘轨道及相关尺寸。

(6) 风口、烟感、温感、喷淋、广播、检查口等设备安装的定位尺寸。

(7) 天棚吊顶的装修材料及造型排列的图样和相关尺寸。

(8) 顶棚的标高关系。

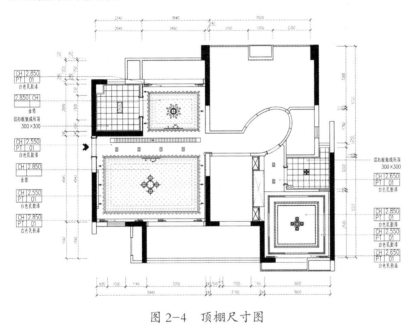

图 2-4 顶棚尺寸图

第三节 建筑装饰工程立面图

一、建筑装饰工程立面图的形成

房屋建筑室内装饰装修工程立面图按正投影法绘制,即建筑装饰工程立面图是室内各个垂直界面的正投影图,也就是人立于室内向各个墙面观察看到的图像,简称立面图,如图2-5所示。

立面图应表达立面左右两端的墙体构造或界面轮廓线、原楼地面至装修楼地面的构造层、顶棚面层、装饰装修的构造层，还要表达内墙立面的造型、所用材料及其规格、色彩与工艺要求，以及装饰构件等，如图 2-6 所示。

立面图与平面图一般采用相同的比例，当墙面无复杂造型与墙裙时可省略立面图。

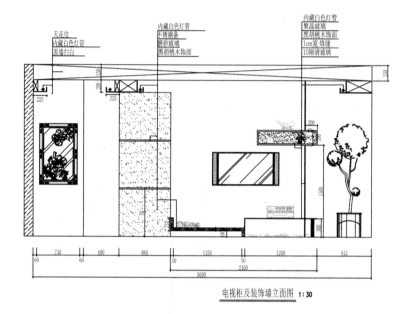

电视柜及装饰墙立面图 1:30

图 2-5 立面图（单位：mm）

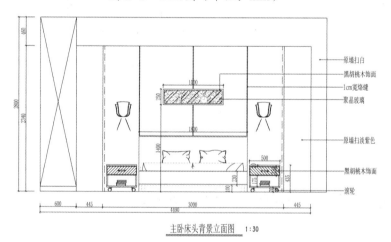

主卧床头背景立面图 1:30

图 2-6 立面图的内容（单位：mm）

二、立面图的命名

立面图宜根据平面图中立面索引编号标注图名，一般用 A、B、C、D 等指示符号来表示立面的方向，图名一般为"空间名称 + 立面方向符号"，再加上"立面图"。若平面图中标出指北针,也可按东、西、南、北方向指示各立面。局部立面的表达可直接使用此物体或方位名称,如"××墙立面图"。

三、立面图的绘制

一个空间的各向立面图应尽可能画在同一图纸上,或者把相邻的立面图连接起来,以便展示室内空间的整体布局。立面图中地坪线、墙的轮廓线等用粗实线,1∶50以上大比例图应表示的材料图例、门窗洞口、家具陈设轮廓用中实线,立面之内的墙面装修主要造型线、固定隔断、固定家具及门窗、阳台等构配件的轮廓线用中实线,一些较小的构配件的轮廓线,如墙面装修细部造型线、门窗扇及固定家具细部轮廓、阳台细部轮廓、材料纹理、文字说明引出线等,用细实线绘制。

(1)固定在墙上的家具陈设在立面图中必须表达。活动家具陈设可以不表达,但影响房屋建筑室内装饰装修效果的装饰物、灯具、电源插座、通信和电视信号插孔、空调控制器、开关、按钮、消火栓等物体,宜在立面图中绘出其位置。

(2)立面图的命名一定要与平面图中的立面索引符号对应。

第四节 建筑装饰工程剖面图与详图

一、建筑装饰工程剖面图

1. 建筑装饰工程剖面图的形成

建筑装饰工程剖面图是在房屋建筑室内装饰装修设计中表达内部形态的图样。它是假想用一剖切平面(或曲面)剖开物体,将处在观察者和剖切面之间的部分移去后,将剩余部分向投影面投影得到的正投影图,简称剖面图。

通常情况下,剖面图因其表达内容不同可分为两种:一种是表示空间关系的大剖面图;另一种是表示装饰构配件具体构造的局部剖面图。室内立面施工图属于前者,用来表示室内空间关系,反映房屋和室内设计的具体情况。局部剖面图是用来表示局部空间关系,反映局部构造做法和构造用材的剖面图,如图2-7所示。

2. 剖切符号和剖切索引符号

剖视的剖切符号应由剖切位置线、投射方向线和索引符号组成。剖切位置线位于图样被剖切的部位,以粗实线绘制,长度宜为8~10 mm。投射方向线平行于剖切位置线,由细实线绘制,一端应与索引符号相连,另一端指示剖切位置。剖切索引符号和详图索引符号均应由圆圈、直径组成,圆及直径应以细实

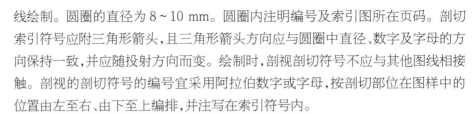

线绘制。圆圈的直径为 8~10 mm。圆圈内注明编号及索引图所在页码。剖切索引符号应附三角形箭头,且三角形箭头方向应与圆圈中直径、数字及字母的方向保持一致,并应随投射方向而变。绘制时,剖视剖切符号不应与其他图线相接触。剖视的剖切符号的编号宜采用阿拉伯数字或字母,按剖切部位在图样中的位置由左至右、由下至上编排,并注写在索引符号内。

剖面图图名应由圆、水平直径、图名编号和比例组成。圆及水平直径均应由细实线绘制,圆直径可选择 8~12 mm。

剖面图图名编号相关的绘制应符合下列规定:当索引出的详图图样与索引图不在同一张图纸内时,应在剖面图图名的圆圈内画一水平直径,上半圆中应用阿拉伯数字或字母注明该图样编号,下半圆中应用阿拉伯数字或字母注明该图索引符号所在图纸编号。当索引出的详图图样与索引图同在一张图纸内时,圆内用阿拉伯数字或字母注明详图编号,也可在圆圈内画一水平直径,且上半圆中应用阿拉伯数字或字母注明编号,下半圆中间应画一段水平细实线。图名编号引出的水平直线上方宜用中文注明该图的图名。

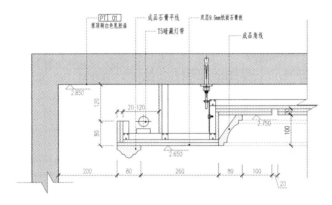

图 2-7 局部剖面图(标高单位为 m,其余为 mm)

3. 剖面图的种类

装饰剖面图按照剖切方式不同有全剖面图、半剖面图、阶梯剖面图和分层剖面图。按照剖切的对象不同,装饰剖面图有楼地面剖面图、顶棚剖面图、墙面剖面图、隔墙隔断剖面图、家具剖面图、楼梯剖面图等。

建筑装饰工程中,室内界面有些很简单,不必绘制剖面图,而构造比较复杂的界面经常采用全剖面图和局部剖面图来展现建筑装饰内部的结构与构造形式、分层情况与各部位的联系、材料及其高度等,因此,全剖面图或局部剖面图成为与平面图、立面图相互配合的重要图样。剖切面一般可以平行于侧面或平行于正面。剖面图的数量与剖切位置视具体设计情况决定。其原则是尽量反映内部构造最复杂和典型的部位。剖切位置最好贯通被剖界面的全长或全高。如果剖面图不能将构造部位表达清楚,还需要将某个构造节点放大,形成节点大样图,又称为节点详图。剖面图的名称应与平面图、立面图一致,相互配合,清楚表达设计思想。

二、建筑装饰工程详图

在建筑装饰工程制图中常将物体的细部或构件、配件的形状、大小、材料和做法用较大的比例详细表示出来,这种表现细部形态的图样,称为详图,又称大样图。

大样图是室内平立剖面图中内容的进一步补充。在平立剖面图中无法表达清楚的细部,必须将比例放大绘制详细的内部构造图形,即详图。

详图根据对象不同可以分为平面详图、立面详图、家具详图、门窗详图、节点详图等。

装饰详图反映了装饰内部的详细构造和尺寸、材料名称规格、饰面颜色、衔接收口做法和工艺要求等。其中的用材做法、材质色彩、规格大小等可用文字标注清楚。

1.绘制要点

(1)根据剖切符号的位置画出被剖切到的墙、柱、室内楼地面、吊顶面的位置线和未被剖到的墙面轮廓线。

(2)根据墙体、柱面、墙面固定家具陈设的装饰构造做法和墙面装饰构造尺寸画出墙、柱等断面装饰构造做法和构造用材料。

(3)画出墙面、柱和固定家具陈设构造细部以及尺寸线、尺寸界线、节点索引符号等。

(4)注写尺寸数字、标高、文字说明等。

2.拓展知识——建筑装饰工程常见部位详图

相关图纸见书后所附专项实践资料,此处扫码可获取电子资源。

第五节 实操训练——普通居室量房及施工图绘制

一、学习任务描述

1.案例分析

本案例所列举的是一套公寓居住空间,该普通居室的设计委托方(业主)为都市白领,喜欢简单快捷的生活方式,倾向于在设计中适当选择简约元素。业主要求能够适合业主夫妻居住。

室内住宅设计是根据住宅的使用性质、所处环境和相应标准,运用物质技术手段和设计原理,创造功能合理、舒适优美、满足居住者物质和精神生活需要的居住环境,它是从建筑装饰设计中演变出来的,是对住宅内环境的再创造,主要针对居家环境做改造与设计。在设计原则上,设计者一般遵循平面优化布置原则。

2. 平面优化布置原则

(1)功能性原则。

对整套住宅进行设计的目的就是方便人们在这个空间中自由舒适地活动,在进行空间布局时,使用功能应与界面装饰、陈设和环境气氛相统一,在设计当中去除花哨的装饰,遵循功能至上的原则。

(2)整体性原则。

住宅设计是基于建筑整体设计对各种环境、空间要素的重整合和再创造,在这一过程中,个人意志的体现、个人风格的凸显以及个人创新的追求固然重要,但更重要的是将设计的艺术创造性和实用舒适性相结合,将创意构思的独特性和空间的完整性相结合,这是室内住宅设计最根本的原则。

(3)经济性原则。

在对整套住宅进行设计时需考虑业主经济承受能力,要善于控制造价,还要创造出实用、安全、经济、美观的室内环境,这一点往往是一些新手设计师很难做到的。

(4)创新性原则。

创新是设计的灵魂,室内设计的创新不同于一般艺术创新的特点在于,只有将业主的意图与设计师的审美追求相融合,并结合技术创新,将住宅空间的限制与空间创造的意图完美地统一起来,才是真正有价值的创新。

(5)环保性原则。

尊重自然、关注环境、保护生态是环保性原则的基本内涵;使创造的室内环境与社会经济、自然生态、环境保护统一发展,使人与自然和谐、健康地发展,是环保性原则的核心。

3. 任务要求

根据现场测量单线图(见图2-8),完成居室空间平面图的绘制,在此基础上进行平面优化布置,可参照图2-9,并完成居室施工图的绘制。

(1)施工图绘制内容。

施工图纸包括平面图(原始结构图、平面布置图、平面砌墙图、地面布置图、天花尺寸图、灯具布置图、开关布置图、居室插座布置图、冷热水布置图、立面索引图等)、立面图、剖面图以及详图。画图时,可以参考居室空间效果图进行绘制,也可以根据原建筑结构图自行设计。

装饰施工图深化设计(第二版)

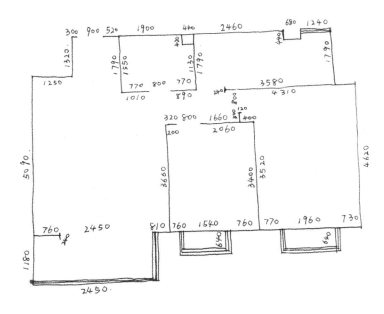

图 2-8 普通居室现场测量单线图（手稿）（单位：mm）

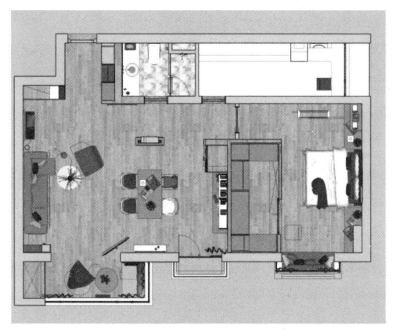

图 2-9 普通居室平面优化布置方案参考

（2）施工图绘制特征。

利用正投影原理所绘制的平面、立面、剖面图，是设计师的设计意图与现场施工交流的语言。设计师要将自己的设计意图充分地表达给客户及施工人员，就必须规范绘制设计图纸；正投影制图要求使用专业的绘图工具，在图纸上作的线条必须粗细均匀、光滑整洁、交接清楚。因为这类图纸是以明确的线条描绘建

筑内部装饰空间的形体轮廓来表达设计意图的,所以严格的线条绘制和严格的制图规范是它的主要特征。

①所有图纸必须利用正投影原理进行绘制;

②图纸设计必须符合施工规范要求,必须具有可施工性;

③所有设计施工项目名称标注必须明确、清晰,不得缺少或不相吻合;

④所有图纸的图例表现,在同一设计内容上,前后必须一致;

⑤所有施工图必须标明比例;

⑥图纸用语中涉及工艺、材料的说明部分用词应专业、清晰;

⑦图纸中的文字说明和尺寸标注应清晰,不得重叠;

⑧图纸中的图纸名称高度根据尺寸标准比例进行绘制;

⑨根据图纸内容的具体要求,同一设计施工项目的施工尺寸和材质标注要求在同一套设计图中表现完整,不得零星标注或在其他图纸中另行标注(吊顶节点图除外)。

装饰工程设计施工图纸的组成应完整、全面,能充分表述施工工程的各分部分项内容的全部技术问题。

(3)装饰工程全套图纸包括:

①图纸封面。

注明项目名称、绘制单位、出图时间等内容。

②图纸目录。

图纸目录应包括序号、图纸名称、图号等,当图纸比较多、需分册装订时,每个分册均应有全册目录。

如选用标准图,应先列新绘制图纸名称,后列标准图名称。

③设计说明(包括需要特别交代的设计说明)。

设计说明中应阐述整体设计的用材、用色及特殊工艺说明,以及客户的特殊要求等。

④平面图。

⑤立面图。

⑥剖面图和节点详图。

二、基本功能及尺寸参考

人体尺度,即人体在室内完成各种动作时的活动范围。室内设计时应根据人体尺度来确定门的高度、宽度,踏步的高度、宽度,窗台、阳台的高度,家具的尺寸及间距,楼梯平台高度、宽度,以及室内净高等室内尺寸。

1.厨房

厨房常用设计尺寸见表2-1。

表 2-1　厨房常用设计尺寸

相关家具	细部或规格	常规尺寸	备　注
橱柜	地柜	高度为 780 ~ 800 mm，宽度为 550 ~ 600 mm	台面厚度为 10 mm、15 mm、20 mm、25 mm 等
	地柜门	单门长 200 mm、250 mm、300 mm、350 mm 等，双门长 600 mm、700 mm、800 mm、900 mm、1000 mm 等	
	水槽	470 mm × 880 mm	
	抽屉滑轨	长 250 mm、300 mm、350 mm、400 mm、450 mm、500 mm、550 mm	按照设计方式分为三节滑轨、抽帮滑轨、滚轮路轨
	吊柜	高度常为 600 ~ 720 mm，也有 800 mm、850 mm、900 mm 的；深度为 330 ~ 350 mm	
消毒柜	80 L	宽 585 mm，高 580 ~ 600 mm，深 500 mm 足够	
	90 L	宽 585 mm，高 600 mm，深 500 mm 足够	
	100 L	宽 585 mm，高 620 ~ 650 mm，深 500 mm 足够	
	110 L	宽 585 mm，高 650 mm，深 500 mm 足够	
嵌入式消毒碗柜	80 L	600 mm × 580 mm × 400 mm	
	90 L	600 mm × 620 mm × 450 mm	
	100 L	600 mm × 650 mm × 450 mm	
	110 L	600 mm × 650 mm × 480 mm	

📖 知识拓展一

1. 在厨房,吊柜和操作台之间的距离应该是多少?

60 cm。从操作台到吊柜的底部,应该确保这个距离。这样,在方便烹饪的同时,还可以在吊柜里放一些小型家用电器。

2. 在厨房两面相对的墙边都摆放各种家具和电器的情况下,中间应该留多大的距离才不会影响做家务?

留 120 cm。要能方便地打开两边家具的柜门,就一定要保证至少留出

73

第二篇　实战准备篇

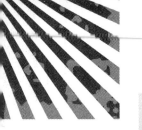

这样的距离。

如果留 150 cm，就可以保证在两边柜门都打开的情况下，中间再站一个人。

3. 吊柜应该装在多高的地方？

吊柜底部距厨房地面 145～150 cm。这个高度可以使用户不用踮起脚尖就能打开吊柜的门。

2. 餐厅

餐厅家具常用尺寸见表 2-2。

表 2-2　餐厅家具常用尺寸

家　具		常 用 尺 寸	备　注
椅凳		座面高 0.42 ~ 0.44 m，扶手椅内宽不小于 0.46 m	
餐桌	方桌	宽 1.20/0.9/0.75 m	中式一般高 0.75 ~ 0.78 m，西式一般高 0.68 ~ 0.72 m
	长条桌	宽 0.8/0.9/1.05/1.20 m，长 1.50/1.65/1.80/2.1/2.4 m	
	圆桌	直径为 0.9/1.2/1.35/1.50/1.8 m	

📓 知识拓展二

1. 一张供六个人使用的餐桌有多大？

120 cm——这是对圆形餐桌的直径要求。

140 cm×70 cm——这是对长方形（或椭圆形）餐桌的长宽（或长轴、短轴）尺寸要求。

2. 餐桌离墙应该有多远？

80 cm。这个距离是使就餐的人能把椅子拉出来，以及能方便地活动的最小距离。

3. 一张以对角线对墙的正方形桌子所占的面积要有多大？

一张边长 90 cm、桌角离墙面最近距离为 40 cm 的正方形桌子所占的最小面积为 32 400 cm²（＝ 180 cm×180 cm）。

4. 桌椅的标准高度应是多少？

桌子的中等高度为 72 cm，而椅子通常高度为 45 cm。

5. 一张供六个人使用的桌子摆起居室里要占多少面积？

为直径 120 cm 的桌子留出空地，同时还要为在桌子四周就餐的人留出活动空间，至少需要 90 000 cm²（＝ 300 cm×300 cm）。这个方案适合用于大客厅，尺寸至少达到 6 m×3.5 m。

装饰施工图深化设计（第二版）

6. 桌面上方吊灯和桌面之间最合适的距离是多少?

70 cm——这是使桌面得到完整、均匀照射的理想距离。

7. 要想舒服地坐在餐桌的周围,凳子的合适高度应该是多少?

对于一张高 110 cm 的餐桌来说,摆在它周围的凳子的理想高度为 80 cm,因为在餐桌和凳子之间还需要 30 cm 的空间来容下双腿。

3. 卫生间

卫生间常用尺寸见表 2-3。

表 2-3　卫生间常用尺寸

相关部位或家具	常规尺寸	备注
盥洗台	宽度为 0.55 ~ 0.65 m, 高度为 0.85 m	盥洗台与浴缸之间应留约 0.76 m 宽的通道
淋浴房	一般长 × 宽为 0.9 m×0.9 m, 高度为 2.0 ~ 2.2 m	
卫生间门	2 m×0.7 m	采用塑钢、合金材料制作, 防水、防腐蚀、防变形

设计卫生间时不要随意更改马桶、蹲坑及浴缸位置。盥洗台台面常为石材,基础设计为角钢;台面下部要求做柜体的,可用防水双面板制作,柜门为吊脚成品门或自制百叶门。

知识拓展三

1. 卫生间里的用具一般要占多大地方?

马桶所占的尺寸大小:37 cm×60 cm。

悬挂式或圆柱式盥洗池可能占用的尺寸大小:70 cm×60 cm。

正方形淋浴间的尺寸大小:90 cm×90 cm。

浴缸的标准尺寸大小:160 cm×70 cm。

2. 浴缸周围应留有多大的活动距离?

100 cm——想要在浴缸周围活动的话一般需要这个大小的距离。即使浴室很窄,也要在安装浴缸时留出走动的空间。如果地方不够大,浴缸和其他墙面或物品之间(需要活动的一边)至少要有 60 cm 的距离。

3. 安装一个盥洗台,并使其方便使用,需要的空间是多大?

90 cm×105 cm。这个尺寸适用于中等大小的盥洗台,能容下两个人同时洗漱。根据空间大小也可进行调整。

4. 相对摆放的浴缸和马桶之间应该保持多远距离?

60 cm。这是能从中间通过的最小距离。所以,一个能相向摆放浴缸和马桶的卫生间应该至少有 180 cm 宽。

5. 要想在里侧墙边安装一个浴缸的话,卫生间至少应该有多宽?

180 cm。这个距离对于传统浴缸来说是非常合适的。如果浴室比较窄的话,就要考虑安装小型的带座位的浴缸了。

6. 盥洗台镜子应该装多高?

一般装在盥洗台上部即可使镜子正对着人的脸。根据实际情况进行调整。

4. 卧室

卧室家具常用尺寸见表2-4。

表2-4 卧室家具常用尺寸

家 具	样 式	常 规 尺 寸
床	单人床	宽0.9 m、1.05 m、1.2 m;长1.8 m、1.86 m、2.0 m、2.1 m;高0.35 ~ 0.45 m
	双人床	宽1.35 m、1.5 m、1.8 m,长、高同上
	圆床	直径为1.86 m、2.125 m、2.424 m
柜	矮柜	深度为0.35 ~ 0.45 m,柜门宽度为0.3 ~ 0.6 m,高度为0.6 m
	衣柜	深度为0.6 ~ 0.65 m,柜门宽度为0.4 ~ 0.65 m,高度为2.0 ~ 2.2 m

📖 知识拓展四

1. 双人主卧室的标准面积是多少?

12 m²——夫妻二人的卧室不能比这个小。在房间里除了床以外,还可以放一个双开门的衣柜(120 cm×60 cm)和两个床头柜。在一个3 m×4.5 m的房间里可以放更大一点的衣柜;或者选择小一点的双人床,再在抽屉床头柜和写字台之间选择其一,就可以根据空余选择一个带更衣间的衣柜。

2. 如果把床斜放在角落里,要留出多大空间?

360 cm×360 cm。这是适合于较大卧室的摆放方法,可以根据床头后面墙角空地的大小再摆放一个储物柜。

3. 两张并排摆放的床之间的距离应该有多远?

90 cm。两张床之间除了应该能放下两个床头柜以外,还应该能让两个人自由走动。当然,床的外侧也不例外,这样才能方便清洁地板和整理床上用品。

4. 如果衣柜被放在了与床相对的墙边,那么这两件家具间的距离应该是多少?

90 cm。这个距离可使人能方便地打开柜门。

5. 衣柜应该有多高？

240 cm。这个尺寸考虑到了在衣柜里挂放长一些的衣物（160 cm）的情况,并在上部留出了放换季衣物的空间（80 cm）。

6. 要想容得下双人床床头、两个床头柜外加衣柜的侧面的话,卧室的这面墙应该有多大？

420 cm×420 cm。这个尺寸的墙面可以放下一张160 cm宽的双人床和侧面宽度为60 cm的衣柜,床两侧的活动空间为60~70 cm,满足柜门打开时所需占用的空间要求（60 cm）,且可设置两个床头柜。

5. 客厅

客厅家具常用尺寸见表2-5。

表2-5　客厅家具常用尺寸

家　具	样　式	常规尺寸	备　注
沙发	单人式	长0.8 ~ 0.9 m	深0.8 ~ 0.9 m,座位高0.35 ~ 0.42 m,靠背高0.7 ~ 0.9 m
	双人式	长1.26 ~ 1.50 m	
	三人式	长1.75 ~ 1.96 m	
	四人式	长2.32 ~ 2.52 m	
茶几	小型长方	长0.6 ~ 0.75 m,宽0.45 ~ 0.6 m,高0.33 ~ 0.42 m	
	大型长方	长1.5 ~ 1.8 m,宽0.6 ~ 0.8 m,高0.33 ~ 0.42 m	
	圆形	直径为0.75/0.9/1.05/1.2 m,高0.33 ~ 0.42 m	
	正方形	宽0.75/0.9/1.05/1.20/1.35/1.50 m,高0.33 ~ 0.42 m	边角茶几有时稍高一些,为0.43 ~ 0.5 m

📖 知识拓展五

1. 长沙发与摆在它面前的茶几之间的合适距离是多少？

30 cm。在一个240 cm×90 cm×75 cm（高）的长沙发面前摆放一个130 cm×70 cm×45 cm（高）的长方形茶几是比较合适的。两者之间的理想距离应该是能允许一个人通过而又便于坐在沙发上的人使用茶几,也就是说不用站起来就可以方便地拿到茶几上的杯子或者杂志。

2. 一个能摆放电视机的大型组合柜的最小尺寸应该是多少？

200 cm×50 cm×180 cm（高）。这种类型的家具一般都是由大小不同的方格组成，高处部分比较适合用来摆放书籍，柜体厚度至少为 30 cm；而低处用于摆放电视的柜体厚度至少为 50 cm。同时组合柜整体的高度和横宽还要考虑与墙壁的面积相协调。

3. 如果摆放可容纳四个人的沙发，应该选择多大的茶几来搭配？

140 cm×70 cm×45 cm（高）。在沙发的体积很大或是两个长沙发摆在一起的情况下，矮茶几就是很好的选择，茶几高度最好和沙发坐垫的位置持平。

4. 在扶手沙发和电视机之间应该预留多大的距离？

在一个 25 英寸（约长 49 cm，宽 37.5 cm）的电视与扶手沙发或长沙发之间应预留的最小距离为 3 m。此外，摆放电视机的柜面高度应该在 40 cm 到 120 cm 之间，这样才能使观众保持正确的坐姿。

5. 两个面对面放着的双人沙发和摆放在中间的茶几一共需要占据多大的空间？

两个双人沙发（规格为 160 cm×90 cm×80 cm）和茶几（规格为 100 cm×60 cm×45 cm）之间应相距 30 cm。因此，需占据至少 1.6 m×3 m 的空间。

6. 长沙发或扶手沙发的靠背应该有多高？

85~90 cm。这样的高度可以让人将头完全放在靠背上，让颈部得到充分的放松。如果沙发的靠背和扶手过低，建议增加靠垫来获得舒适的体验。如果空间不是特别宽敞，沙发应该尽量靠墙摆放。

7. 如果客厅位于居室的中央，后面想要留出一个走道空间，这个走道应该有多宽？

100~120 cm。走道的空间设计应该能让两个成年人迎面走过而不至于相撞，通常给每个人留出 50~60 cm 的宽度。

6. 书房

书房家具常用尺寸见表 2-6。

表 2-6　书房家具常用尺寸

家　　具	常规尺寸
书桌	高约 0.75 m，宽 0.45 ~ 0.7 m（0.6 m 最佳）
书架	厚 0.25 ~ 0.4 m，长 0.6 ~ 1.2 m，高 1.8 ~ 2.0 m，下柜高 0.8 ~ 0.9 m

安居方能乐业

　　住房问题是民生大事,关系千家万户的基本生活保障。党的十八大以来,习近平总书记心系百姓安居冷暖,始终把"实现全体人民住有所居目标"作为一项重要改革任务,全面部署、躬身推进;政府着力加大基本住房保障力度,加快建立以公租房、保障性租赁住房和共有产权住房为主体的住房保障体系,建立了一套较为完整的住房保障政策和管理制度,住房保障网不断扩大,保障范围越来越广,建立了一套较为完整的住房保障政策和管理制度。"十四五"期间,我国将以发展保障性租赁住房为重点,完善住房保障体系,增加保障性住房供给,将住房保障体系和住房市场体系有机结合起来,让全体人民在追求美好生活的过程中实现住有所居。

第二篇　实战准备篇

第三篇

专项实践教学篇

内容介绍

本篇内容主要以居室施工图深化设计作为实践项目,结合具体的房间功能进行案例讲解以及施工图绘制方法介绍,理论结合实际,循序渐进,使学生对室内设计施工图的绘制有一个全面清晰的了解与掌握。

知识目标

· 了解现代居室各使用空间的使用需求、适用尺度、常见的家装要求等相关内容。

· 明确掌握平面、立面、剖面、节点大样等图纸的绘制要求。

· 学会通过效果图或实景图绘制对应的施工图。

· 了解外部参照、动态块等拓展知识的运用。

技能目标

· 能够做到使用布局模式进行绘制。

· 熟练掌握制图规范,并能运用在相应的图纸绘制中。

· 基本掌握常见的构造形式,并能够画出相应的详图或大样图。

劳动培养

设计不是机械制造,每个设计作品都有着其独特的灵魂。在室内设计的工作流程当中,施工图的绘制虽不及设计花样百变,但也不能把绘制施工图当作机械劳动。施工图是承接方案设想、指导项目落地的重要环节,施工图的质量会直接影响项目的好坏。在设计行业,服务意识和劳动观念至关重要,促进学生养成认真、细致、规范的作图习惯是本篇最重要的任务。

教学建议

· 结合当今的装修特色,有机地加入新工艺、新做法、新理念,拓宽学生的思路。

· 可根据具体情况,将训练模块多元化。

案例任务名称:建筑装饰施工图深化设计。

已知一住宅建筑平面图及客厅、餐厅、主卧室等的方案设计效果图,根据相关图纸和国家相关标准完成客厅、餐厅、主卧室、厨房、卫生间等的建筑装饰施工图深化设计。厨房、卫生间空间为知识拓展项目,设计方案由学生自主完成。

建筑设计说明:住宅层高 3.00 m,梁高 400 mm,楼板结构厚度为 100 mm,墙体厚度为 240 mm(不包括抹灰层),室内抹灰层厚度为 20 mm,普通窗台高度为 900 mm。

需要完成的内容包括:封面、图纸目录、施工说明、装饰材料表、平面布置图、地面铺装图、顶棚布置图、照明连线图、强电布置图、弱电布置图、立面索引图、立

面图(共计 16 个立面,分别是客厅和餐厅的 5 个立面,主卧室的 3 个立面,厨房和卫生间各 4 个立面)、指定位置的剖面及节点大样图(7 个部位剖切,详见剖面大样位置图)等。客厅和餐厅、主卧室的吊顶采用轻钢龙骨纸面石膏板吊顶,厨房和卫生间采用铝扣板集成吊顶。

墙面石材装饰,要求石材采用干挂构造,干挂形式根据建筑结构自行设计。建筑平面图(原始平面图)见图 3-1,方案效果图见图 3-2 和图 3-3,剖面节点大样位置图见图 3-4 至图 3-6。

装饰施工图深化设计(第二版)

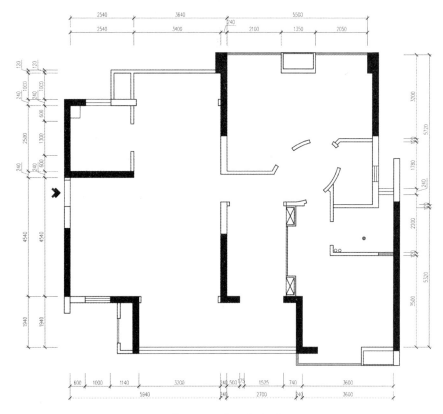

图 3-1　原始平面图

图 3-2　客厅、餐厅效果图

续图 3-2

第三篇 专项实践教学篇

图 3-3 主卧效果图

图 3-4 客厅、餐厅剖面节点大样位置图

图 3-5 客厅、餐厅、厨房剖面节点大样位置图

图 3-6 主卧剖面节点大样位置图

说明：

(1)标注文字样式设置：文字样式名为"汉字"，字体名为"仿宋"，宽度因子为"0.7"，字高3.0 mm。

(2)尺寸标注数字设置：文本字体为"simplex.shx"，宽高比为0.7，字高3.0 mm。

(3)图框：使用自己绘制的A3图框(420 mm×297 mm)。

①图框线宽要求：细线宽0.35 mm，中粗线宽0.7 mm，粗线宽1.0 mm。

②文字采用"汉字"样式。

③标题栏按图3-7绘制。

(4)装饰材料表格式如表3-1所示。

(5)图纸编号：采用"ZS-××"形式。"××"为阿拉伯数字，如第1张图纸，图纸编号为"ZS-01"。

图 3-7　标题栏（单位：mm）

表 3-1　装饰材料表格式

序号	材料编号	材料名称	材料规格	防火要求	使用部位	备注

第一节　创建模板和材料表

任务一　创建模板

一、新建文件

(1)打开 AutoCAD 2018。

(2)按快捷键"Ctrl+N"新建文件，打开图3-8所示的对话框。

(3)输入快捷命令"OP"，选择保存格式，见图3-9。

图 3-8 "选择样板"对话框

图 3-9 保存格式设置

二、设置图层

输入快捷命令"LA"，根据表 3-2 设置图层。

注意：不要在图层管理器里面设置线宽，而应在打印输出时在打印样式里进行设置。

表 3-2 图层设置（平面图）

图层名称	颜　色	内　　容	线宽 /mm	线　型
轴线	红色（1 号）	轴线	0.2	单点长画线
WALL	白色（7 号）	墙线	0.35	实线
WINDOW	青色（4 号）	窗线	0.2	实线
DOOR	黄色（2 号）	平面门扇（开启线用灰色 8 号）	0.25	实线
标注	灰色（8 号）	标注	0.1	实线
PM 墙体拆改	黄色（2 号）	新建及拆除墙体或造型	0.25	实线
	洋红（6 号）	平面填充	0.05（淡显 70%）	
PM 造型线	黄色（2 号）	墙面材料、造型完成面	0.25	实线
PM 活动家具	绿色（3 号）	平面活动家具外框线	0.2	实线
	灰色（8 号）	平面活动家具分格线、辅助线	0.1	虚线
	洋红（6 号）	平面填充	0.05（淡显 70%)	

图层名称	颜　色	内　　容	线宽/mm	线　型
PM 固定家具	青色（4 号）	平面固定家具	0.2	实线
PM 固定地台	青色（4 号）	平面固定地台	0.2	实线
PM 窗帘	绿色（3 号）	平面窗帘	0.2	实线
PM 地拼	绿色（3 号）	地面材料造型及分格	0.2	实线
	洋红（6 号）	平面填充	0.05（淡显70%）	
PM 照明连线	白色（7 号）	平面照明连线	0.35	实线
PM 开关插座	绿色（3 号）	平面开关、插座	0.2	实线
TH 装修	青色（4 号）	天花造型	0.2	实线
TH 灯具	绿色（3 号）	天花灯具	0.2	实线
BZ 墙体定位	灰色（8 号）	墙体拆改定位定形尺寸标注	0.1	实线
BZ 家具尺寸	灰色（8 号）	平面家具定位定形尺寸标注	0.1	实线
BZ 灯具	灰色（8 号）	平面灯具定位定形尺寸标注	0.1	实线
BZ 天花造型	灰色（8 号）	平面天花造型定位定形尺寸标注	0.1	实线

三、设置文字样式

🔲 知识拓展一

根据《房屋建筑制图统一标准》（GB/T 50001—2017），工程制图一般需建立两种文字样式，即"汉字"和"非汉字"。

其中，图样及说明中的汉字，采用矢量字体时应以长仿宋体为基础样式，宽高比宜调整为 0.7。非汉字字体可采用 TrueType 字体，字高可设为 3 mm、4 mm、6 mm、8 mm、10 mm、14 mm 及 20 mm。

（1）点击"格式"—"文字样式"或键盘输入快捷命令"ST"，打开"文字样式"对话框，如图 3-10 所示。

第三篇　专项实践教学篇

(2)新建"汉字"字体样式。选择"仿宋"字体,宽度因子为"0.7",如图3-11所示。

(3)新建"非汉字"字体样式。选择"simplex.shx"字体,宽度因子同样为"0.7",如图3-12所示。

图 3-10 "文字样式"对话框

图 3-11 "汉字"字体样式设置

图 3-12 "非汉字"字体样式设置

装饰施工图深化设计(第二版)

四、设置标注样式

（1）打开 AutoCAD 2018 软件，输入快捷命令"D"，调出标注样式管理器。

点击右侧"新建"按钮，输入新建样式名，按比例命名为"1：1"（此处为使输入方便，用冒号代替比号，需注意，样式名称里的冒号必须是中文全角符号，英文半角冒号是非法字符），基础样式选择"ISO-25"，如图 3-13 所示，单击"继续"按钮。

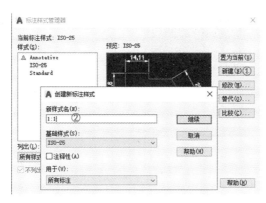

图 3-13 新建标注样式

知识拓展二

标注图形尺寸时，一般不会只标注一道尺寸。根据《房屋建筑制图统一标准》（GB/T 50001—2017），图样轮廓线以外的尺寸线，距图样最外轮廓之间的距离不宜小于 10 mm。平行排列的尺寸线的间距宜为 7～10 mm，并应保持一致，如图 3-14 所示。

尺寸界线应离开图样轮廓线不小于 2 mm。

图 3-14 尺寸线间尺寸设置（单位：mm）

（2）弹出"新建标注样式"对话框，对"线"选项卡进行设置，如图 3-15 所示。

（3）对"符号和箭头"选项卡进行设置，如图 3-16 所示。

（4）对"文字"选项卡进行设置，如图 3-17 所示。

（5）对"调整"选项卡进行设置，为了标注的美观、适用，按照图 3-18 设置。这里强调的是"使用全局比例"的设置，如果在"布局"空间标注尺寸的话，保持默认的"1"即可；如果在"模型"空间标注，那么需要根据出图比例确定。

（6）对"主单位"选项卡进行设置，如图 3-19 所示。

五、绘制图框

输入快捷命令"REC"，绘制一个 420 mm×297 mm 的矩形；输入快捷命令"O"进行偏移，偏移距离设为 5 mm；输入快捷命令"S"，向右拉伸 20 mm，将左侧装订边宽度调整为 25 mm；在右下角按任务书要求绘制标题栏；输入快捷命令"PE"调整线宽。A3 图框绘制如图 3-20 所示。

图 3-15 标注样式设置 1

图 3-16 标注样式设置 2

图 3-17 标注样式设置 3

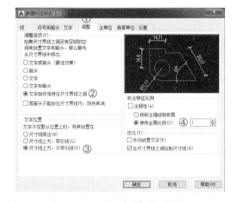

图 3-18 标注样式设置 4

图 3-19 标注样式设置 5

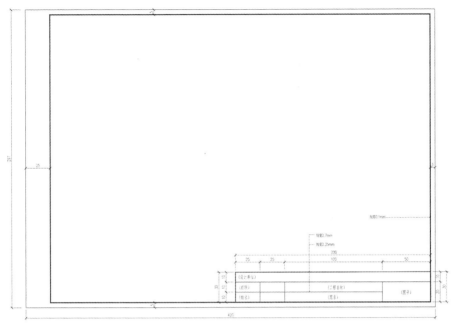

图 3-20　A3 图框绘制（单位：mm）

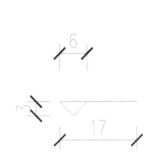

图 3-21　绘制标高符号

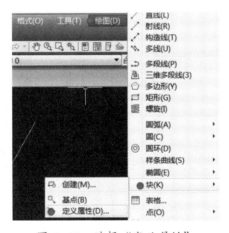

图 3-22　选择"定义属性"

六、块属性创建

在 CAD 制图中经常会使用到相同的图形,如标高符号、材料符号等。将这样的图形定义为块后,可以在图形中根据需要多次插入。

(1)将"标注"图层置为当前图层,绘制标高符号,如图 3-21 所示。图 3-21 中尺寸仅供参考,并未实际绘于图中。

(2)点击菜单栏中的"绘图"命令,选择"块"—"定义属性",如图 3-22 所示。

(3)弹出"属性定义"对话框,依次在"标记""提示""文字设置"选项中填写、选择,如图 3-23 所示,点击"确定"按钮。

（4）设置完成之后，在合适位置处插入相应信息，如图 3-24 所示。

（5）执行"创建块"命令，或输入快捷命令"B"，选中标高符号创建为块，命名为"标高符号"，点击"确定"按钮，如图 3-25 所示。

（6）在弹出的"编辑属性"对话框中，进一步填写信息，如图 3-26 所示。

图 3-23　"属性定义"对话框中的设置　　图 3-24　块属性定义

图 3-25　块属性创建　　　　图 3-26　块属性编辑

图 3-27　插入"标高符号"块　　　图 3-28　块属性修改

（7）执行"插入块"命令，可在不同图纸中进行标高符号相关信息的填写与修改，如图 3-27、图 3-28 所示。

● 作业 3-1

用块属性创建的方式完成图 3-29 所示两个符号的定义与创建。

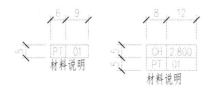

图 3-29　块属性创建（作业）（单位：mm）

七、创建模板文件

将创建好的文件保存为"模板 .dwt"，选择默认路径，保存在 CAD 模板路径下，如图 3-30 所示。

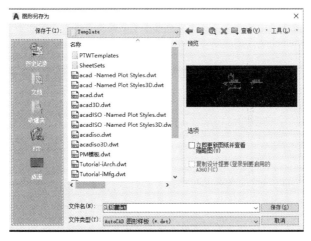

图 3-30　保存模板

● 作业 3-2

根据任务书要求对 AutoCAD 中的标高符号进行统一的设置，并统一保存为名为"模板 .dwt"的模板文件，方便以后调用。

任务二　创建材料表

完整的建筑装饰施工图中应包含材料表，装饰材料表中不仅要有材料代号、使用区域，也应该有对材料的要求，比如品牌、型号、厚度以及防水、防霉、防火等要求。

装饰材料表一方面可以将施工中所用的材料一目了然地汇总出来，也可以用代号使图面清爽整洁。如果图纸中标注材料名称过多会使图纸显得零乱、不容易被看清楚，也不利于协同工作。

施工图中除了对材料表中没有的材料需单独标注外，其他材料（在材料表中已列明）均应使用代号，并且做到与材料表一一对应。

一、根据效果图对所示材料进行分类、编号

对材料进行编号，常见材料代码如表3-3所示。

表3-3　常见材料代码

类　　型	序号	代　　号	英 文 名 称	具体类型
饰面	1	ST 或 SC	stone	石材
	2	WD 或 WF	wood finishes/floor	木饰面 / 木地板
	3	MT	metal	金属饰面（包括不锈钢、钢等）
	4	WP	wallpaper	墙纸
	5	FF	faux	特殊彩绘工艺
	6	PT	paint	涂料（油漆）
	7	TP	textured plaster	造型、肌理
	8	FC 或 UP	fabric	墙面布艺软包或墙毡
	9	CT	ceramic tile	瓷砖
成品材料	1	GL	glass	玻璃
	2	LM	laminate and/or melamine	防火板（矿棉板、水泥板、防水石膏板等）
	3	MI	mirror	镜子
	4	FB	plaster board	石膏板墙
	5	BW	brick wall	墙砖
	6	MO	mosaic	马赛克
	7	LI	light	灯光
	8	CU	curtain	窗帘
	9	CP	carpet	地毯
	10	KE	keel	龙骨

二、绘制材料表

（1）新建文件，选择"模板.dwt"。

（2）将A3图框复制到"布局"空间。

（3）选择"注释"—"表格"（见图3-31），打开"插入表格"对话框，如图3-32所示，再单击"表格样式"设置按钮。

（4）打开"表格样式"对话框，新建表格样式，命名为"材料表"，如图3-33所示。

(5)将材料表单元样式选择为"表头","文字样式"处选择"汉字","文字高度"处输入"3.5",如图3-34所示。

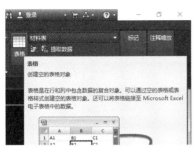

图3-31 选择"表格"

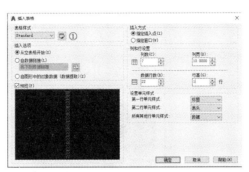

图3-32 "插入表格"对话框

图3-33 新建"材料表"表格样式

图3-34 设置材料表表头样式

(6)将材料表单元样式选择为"数据","文字样式"处选择"汉字","文字高度"处输入"3.5",如图3-35所示。

(7)将材料表单元样式选择为"数据","常规"选项卡"对齐"处选择"正中",如图3-36所示。关闭表格样式设置。

图3-35 设置材料表数据样式

图3-36 设置材料表数据对齐方式

(8)回到"插入表格"对话框,"表格样式"选择"材料表","列宽"处选择"45.000","数据行数"设为"20",行高设为"2",如图3-37所示,点击"确定"按钮。

装饰施工图深化设计（第二版）

（9）在 A3 图框中插入表格，按照任务书要求（见表 3-1）输入表头内容，按效果图汇总材料信息并进行归类排序，完成材料表，如图 3-38 所示。

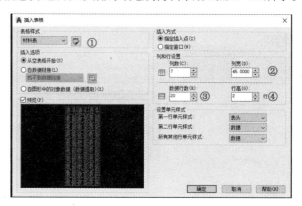

图 3-37　插入材料表的设置

材料表

序号	材料编号	材料名称	材料规格	防火要求	使用部位	备注
		涂料（油漆）				
1	PT-01	白色乳胶漆		A	顶面	
2	PT-02	白色防水乳胶漆		A	顶面	
		石材				
1	SC-01	帆灰大理石		A	地面、踢脚线	
2	SC-02	黑金花大理石		A	墙面	
3	SC-03	雅士白大理石		A	墙面	
		瓷砖				
1	CT-01	白色瓷砖	800 mm×800 mm	A	客厅地面	
		木饰面				
1	WD-01	白色饰面护墙板		A	门套、墙面	
2	WD-02	订制衣柜	白色木饰面	A	衣柜门	
3	WD-03	白色木踢脚线		A	踢脚线	
		软包				
1	UP-01	紫色软包		A	主卧墙面	
		木地板				
1	WF-01	实木复合地板		A	主卧地面	
		玻璃				
1	GL-01	镜面装饰	茶镜	A	墙面、顶面	
2	GL-02	镜面装饰	水银镜	A	墙面、顶面	

〔设计单位〕				
〔班级〕		〔工程名称〕		
〔姓名〕		〔图名〕		〔图号〕

图 3-38　材料表

第二节　家装卧室专项训练

任务一　绘制平面布置图

平面布置图应表明固定的装饰造型、隔断、构件、家具、卫生器具、照明灯具

（壁灯、地灯等）、花台、水池、陈设（窗帘）等的装饰配置和饰品名称、位置及需要的定位尺寸。必要时可将尺寸标注在平面布置图内；可标注门编号及开启方向，以及固定家具柜门的开启方向。平面布置图的内容常包括：

(1) 建筑尺寸标注(2~3级)、装饰尺寸标注（如隔断、家具、装饰造型等的定形、定位尺寸等）和轴网编号。

(2) 文字注释说明：文字说明、图名及比例。

(3) 符号：立面索引符号、详图索引符号等。

(4) 图线：剖切到的墙柱轮廓（剖切符号用粗实线）、未剖到但能看到的图线（如门扇开启符号、窗户图例、楼梯踏步、室内家具及绿化等，用细实线表示）等。

注意：所绘设计内容及形式应与方案设计图相符。

知识拓展三

1. 外部参照的概念

外部参照是指将一幅图（外部参照文件）以参照的形式引用到另外一个或多个图形文件中。外部参照文件的每次改动后的结果都会及时地反映在最后一次引用它的图形中。另外，使用外部参照还可以有效地减少图形的文件大小，因为当用户打开一个含有外部参照文件的图形文件时，系统仅会按照记录的路径去搜索外部参照文件，而不会将外部参照作为图形文件的内部资源进行储存。

2. 外部参照的作用

(1) 标准化。图纸中有的内容是不变或统一变化的。例如图框，所有图纸的图框都是一样的，这是可以创建模板、块的，引用外部参照图框的话，你修改了图框文件，图纸上的图框会自动更新。

(2) 协同设计。一般画简单的三视图，一个人就能完成，而在画很复杂的三视图，需要一人画一部分的时候，就需要三人或多人协同，比如由三个技术员各画一个视图，由总工程师看他们画的进度和对错，这时用外部参照就很方便。总工程师可以使用外部参照查看协同设计，每个技术员只管绘制自己负责的一个图，而不用把图拿到总工程师那里去。

3. 块和外部参照的区别

外部参照与图块（块）有着实质上的区别。用户一旦插入图块，此图块就被永久地插入当前图形中，并不随原始图块中图形的改变而更新；使用外部参照文件并不是直接将图形信息加入当前图形文件中，而只是记录引用的关系和路径，与当前文件建立一种参照关系。

如果一个小图形在大图纸中反复出现，比如建筑平面图中的门窗图形，可先画好门窗，做成门窗块，在画大图纸时用"插入块"命令把事先做好的门窗块插进来，避免重复画小图形，但块插入后就成了大图纸的一部

分,随着大图纸一道保存。块是被插入的,不是调用;而外部参照是调用,不是插进来。

以绘制卧室平面布置图为例。

一、添加原始平面图外部参照

(1)打开 AutoCAD 2018,按"Ctrl+N"键新建文件,选择"模板 .dwt"。

(2)在"模型"空间,选择"插入"—"参照",点击"附着"(见图 3-39),选择"原始平面图 .dwg",将原始平面图插入"模型"空间当中,如图 3-40 所示。

图 3-39 点击"附着"　　　　图 3-40 插入原始平面图

(3)选择"插入"—"参照",点击"剪裁"(见图 3-41),选择被剪裁的形体,就是原始平面图,在弹出的选项中选择"新建边界"(见图 3-42),再在弹出的选项中选择"矩形"(见图 3-43),用弹出的矩形选框选择剪裁范围,保留卧室部分。

(4)使用外部参照,配合"附着""剪裁"命令得到卧室部分图形,如图 3-44 所示。

(5)整理原始平面图的图层、图线,使其符合规范要求,保存文件并命名为"卧室"。

图 3-41 点击"剪裁"

图 3-42 选择"新建边界"

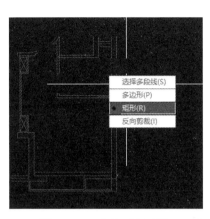

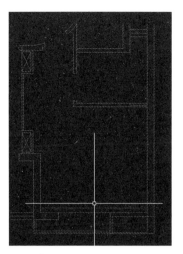

图 3-43 选择"矩形"　　　　　　　图 3-44 外部参照卧室图形

二、根据设计方案添加墙体完成面和门

施工图的完成面内容,包括完成面的施工材料种类、材料厚度以及构造结构厚度等。平面布置图上应当反映出立面材料和造型的完成面。

(1)添加墙体完成面。将"PM 造型线"图层置为当前层,如图 3-45 所示完成墙体完成面内容的绘制。

(2)添加门。将"DOOR"图层置为当前层,绘制卧室门和卫生间门,如图3-46 所示。

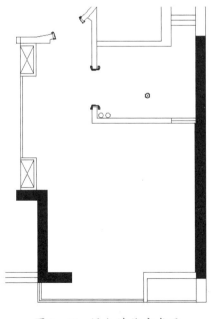

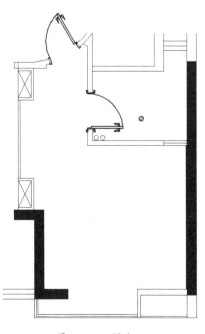

图 3-45　添加墙体完成面　　　　　　图 3-46　添加门

常用材料的安装方法及完成面厚度见表3-4。

表3-4　常用材料完成面

材料名称	安装方法	常规完成面厚度	
木饰面	干挂、粘贴	干挂50 mm	粘贴30 mm
软包、硬包	干挂、粘贴	干挂50 mm	粘贴30 mm
木质吸声板	粘贴		粘贴30 mm
石材	干挂、湿贴	干挂80 mm	湿贴50 mm
瓷砖	湿贴		湿贴30~50 mm
金属	干挂、扣板	干挂100 mm	扣板30 mm
墙纸	粘贴		0
乳胶漆	涂刷		0
玻璃、镜子	干挂、粘贴	干挂100 mm	粘贴30 mm

三、平面图布置

(1)添加固定家具。

固定家具是指与房屋构件精密结合、不能移动的家具,如固定吊柜、订制衣柜等,需要根据房间的具体情况来设计,只能是某个具体场所的特定布置,不能随意移动。设计固定家具可以在造型上灵活变化,设计出住户喜爱的尺寸和外形。任务书中订制衣柜就是固定家具,其形式如图3-47所示。

将"PM固定家具"图层置为当前层,绘制固定衣柜图例,如图3-48所示。

图3-47　卧室衣柜效果图

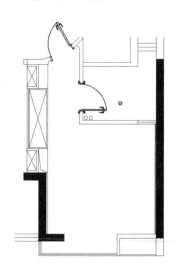

图3-48　添加卧室固定衣柜图例

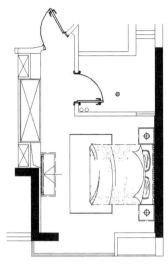

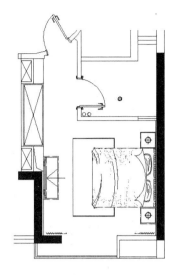

图 3-49　添加活动家具图例　　　　图 3-50　添加窗帘图例

（2）添加活动家具。

活动家具一般表现为独立的、可随意移动的家具，如椅子、沙发、床等。活动家具可以具有某些固定的形态特征。活动家具大多直接采用市场上销售的成品。

将"PM 活动家具"图层置为当前层，绘制活动家具图例，如图 3-49 所示。

（3）添加窗帘、台灯、壁灯及灯带、绿植等。

在此方案中添加窗帘，将"PM 窗帘"图层置为当前层，绘制窗帘图例，如图 3-50 所示。

四、"布局"空间编辑

布局就是利用视口将"模型"空间的图形按不同比例排布在一张虚拟的图纸上，因为这张虚拟图纸可以跟实际纸张尺寸一致，所以，在"布局"空间通常按1:1打印图纸。简单来说，布局就是排图打印用的。

（1）添加图框。

切换到"布局"空间，将绘制好的 A3 图框复制过来。

（2）创建视口，确定比例。

选择菜单中的"布局视口"，点选"矩形"（见图 3-51），用鼠标左键在 A3 图框内创建视口，如图 3-52 所示。

用鼠标双击视口进入视口（也可用鼠标点击最下边的状态栏上的"图纸／模型"按钮来切换），在命令行里键入"Z"，按回车键，输入比例因子（此图的比例为"1/40 XP"），然后可以用平移命令将图移动到合适的位置。这里要注意，一定要在输入比例的后边加上"XP"，这样输入的比例才是要打印的比例。

双击视口外空白区域，退出视口编辑，选择视口边框，右键选择"显示锁定"，选择"是"（见图 3-53），锁定视口。将视口线调整到软件默认不打印图层

"Defpoints"。

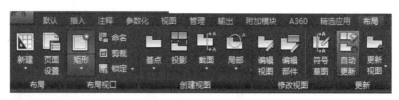

图 3-51　点选"矩形"

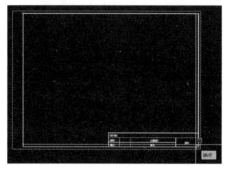

图 3-52　创建视口

图 3-53　锁定视口

(3)添加轴线、轴号及轴线的尺寸标注。

注意:轴号应标注在视口外,轴线与尺寸标注应标注于视口里面。

①使用"布局"空间编辑图纸,在标注前应对标注样式进行调整。新建标注样式"布局标注",以模板中"1:1"为基础样式,如图 3-54 所示。在"调整"选项卡,点选"将标注缩放到布局"(见图 3-55),并置为当前。

图 3-54　新建标注样式

图 3-55　点选"将标注缩放到布局"

②添加内部尺寸标注。

将"标注"图层置为当前层,双击视口进入视口编辑,为卧室平面添加尺寸标注,标注到视口内,如图 3-56 所示。

将"BZ 家具尺寸"图层置为当前层,双击视口进入视口编辑,添加家具尺寸标注,包括定位与定形尺寸,标注到视口内,双击视口外空白处,退出视口编辑,如图 3-57 所示。

(4)添加文字信息及相关符号等,注写图名。这部分内容应注写在视口外。

按快捷键"T",选择"汉字"文字样式,字高设为"5",在视口外注写"卧室"。

按快捷键"T",选择"汉字"文字样式,在视口外进行文字标注。

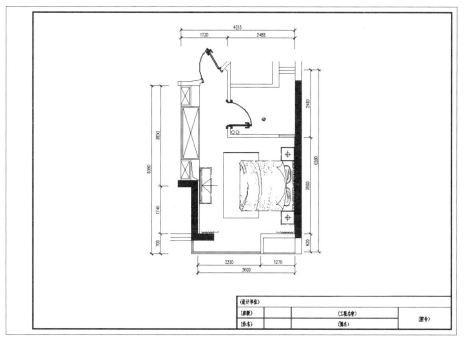

图 3-56 添加卧室尺寸标注

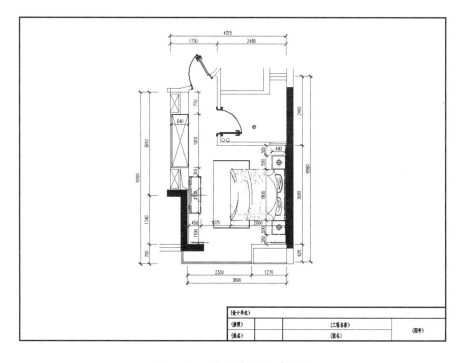

图 3-57 添加家具尺寸标注

从动态图块(扫码可查看及下载)中复制所需符号,放在合适位置。

按快捷键"T",选择"汉字"文字样式,字高设为"7",注写图名;字高设为"5",注写比例。在图名下加画粗实线,如图3-58所示。

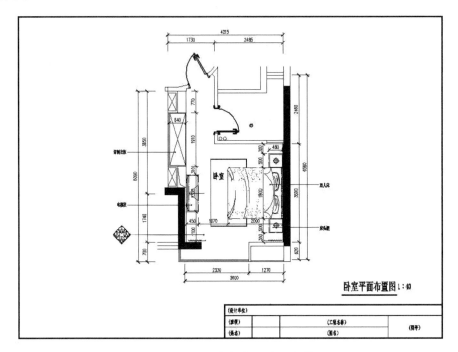

图 3-58　添加图块并注写图名等

(5)完善标题栏文字信息,将标题栏内容填写完整。

● 作业 3-3

按要求完成平面布置图:

(1)图幅、比例使用正确。

(2)图层、图线使用正确。

(3)家具布置完整。

(4)尺寸标注、文字标注、图名、符号等完整、准确。

(5)掌握布局画图方法。

注:可分为平面布置图、家具尺寸图、立面索引图等。

任务二　绘制地面铺装图

地面铺装图常用来表明地面材料。室内设计常采用木地板,如图3-59所示。

地面铺装图图示内容及要求：

（1）表明固定的装饰造型、固定隔断、固定家具及楼地面面层材料分界、材料的分格、地面拼花及造型、材质填充等。

图 3-59　地面材料——木地板

（2）尺寸标注：地面铺装的定位尺寸，标准和异形材料的尺寸，地面装饰条、台阶和楼梯防滑条的定位尺寸，地面造型尺寸等。

（3）文字注释：地面面层装饰材料、图名、比例。

（4）符号：楼地面标高，细部做法的索引和剖切符号。

（5）图线：按照制图标准要求。

地面铺装图所绘设计内容及形式应与方案设计图相符。

仍以卧室地面铺装图绘制为例。

一、复制平面图图纸

在"布局"空间里输入快捷命令"CO"复制卧室平面布置图，包括视口、轴号、轴线、轴线尺寸标注等，如图 3-60 所示。

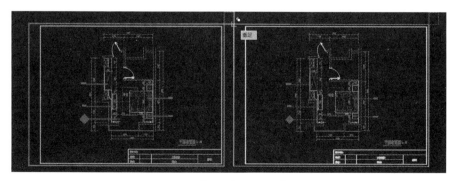

图 3-60　复制卧室平面布置图

二、在当前视口中冻结

在视口范围内双击鼠标,进入视口编辑,选择需要冻结的图层,点击在"当前视口中冻结或解冻"按钮,如图3-61所示,在当前视口当中关闭相应的图层。

图3-61 冻结相应图层

在本任务中需要在地面铺装图中关闭的图层有:

(1)门窗扇所在图层;

(2)活动家具所在图层;

(3)家具定形定位尺寸标注所在图层;

(4)窗帘所在图层。

落地固定家具所在图层应保留。

关闭图层后,双击视口外空白处,退出视口编辑,删除平面图文字说明及符号等。结果如图3-62所示。

另外,绘制地面铺装图还应注意:

(1)将不落地不到顶的固定家具图层设置为虚线。

(2)将不落地到顶的固定家具图层设置为虚线。

(3)关闭家具灯带图层。

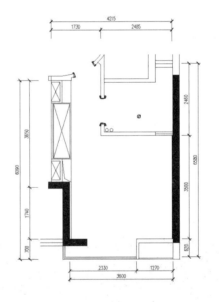

图3-62 整理后的卧室平面布置图

三、绘制地面材料

1. 添加门槛线

将"PM地拼"图层置为当前层,双击视口进入视口编辑,在门洞处绘制门槛线,如图3-63所示。

2. 添加地面材料填充

按快捷键"H",选择木地板图案填充,角度设为"90",调整至合适比例,如图 3-64 所示。

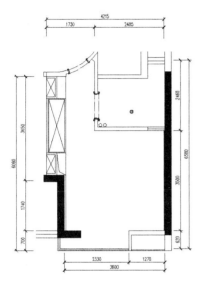

图 3-63　绘制门槛线　　　　　图 3-64　添加地面材料填充

四、添加文字信息、标高符号等,注写图名

这部分内容应注写在视口外。

插入"作业 3-1"制作的材料说明动态块,标注材料。

插入"作业 3-2"制作的标高符号。

按快捷键"T",选择"汉字"文字样式,字高设为"7",注写图名;字高设为"5",注写比例。在图名下加画粗实线,如图 3-65 所示。

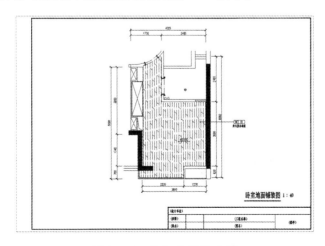

图 3-65　添加文字信息等

五、完善标题栏文字信息

将标题栏内容填写完整。

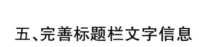

按要求完成地面铺装图：

(1) 图幅、比例使用正确。

(2) 图层、图线使用正确。

(3) 材料分格正确，标注完整。

(4) 尺寸标注、文字标注、图名完整、准确。

(5) 掌握布局画图方法。

任务三　绘制天花布置图

天花布置图图示内容及要求：

(1) 包含原建筑图中的柱网、墙、建筑设备、设施等。

(2) 表明固定的墙柱面装饰造型、固定隔断、固定家具等。

(3) 表明顶棚造型、天窗、窗帘盒、装饰垂挂物及其装饰配置和饰品等的位置，注明定位尺寸、材料。

(4) 表明顶棚上的灯具、空调风口、喷头、探测器、指示牌等的位置，表明定位尺寸、材料种类等。

(5) 建筑平面及门窗洞口：门画出门洞边线即可，不画门扇及开启线。

(6) 尺寸标注：顶面造型定位尺寸及灯具设备等定位尺寸等。

(7) 符号：包括顶面完成面标高符号、细部做法的索引和剖切符号、顶面灯具设备图例表等。

(8) 图线：按照制图标准要求，结构墙用粗实线，门窗、固定家具、标注等造型用中实线，材料分格用细实线，填充用淡显细实线。

天花布置图可分为天花吊顶图、天花造型尺寸图、天花灯具尺寸图等，所绘设计内容及形式应与方案设计图相符。

以卧室天花布置图（及灯具尺寸图）绘制为例。

一、复制平面图图形

在"布局"空间里输入快捷命令"CO"复制地面铺装图，包括图框及视口等，如图3-66所示。

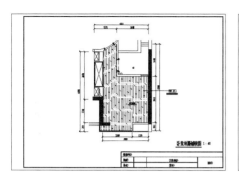

图 3-66　复制地面铺装图

二、在当前视口中冻结或解冻

在视口范围内双击鼠标,进入视口编辑,选择需要冻结的图层,点击"在当前视口中冻结或解冻"按钮,在当前视口中关闭或打开相应的图层,如图3-67所示。

在本任务中需要在天花布置图中关闭的图层有:

(1)地面材料填充图例所在图层。

(2)门槛线所在图层。

在本任务中需要在天花布置图中打开的图层有:窗帘所在的图层。

关闭图层管理器后,双击视口外空白处,退出视口编辑,删除地面铺装图中的材料文字说明及标高符号等,如图3-68所示。

另外,绘制天花布置图还应注意:

(1)关闭落地不到顶的固定家具所在图层(包括洁具)。

(2)关闭不落地不到顶的固定家具所在图层。

(3)关闭家具灯带图层。

三、绘制天花造型

1. 添加门洞边线

将"TH 装修"图层置为当前层,双击视口进入视口编辑,在门洞处绘制门洞边线,如图3-69所示。

图 3-67　在视口中冻结或解冻图层

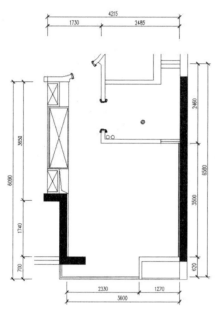

图 3-68　整理后的地面铺装图

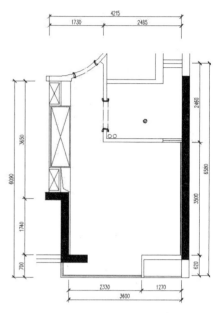

图 3-69　绘制门洞边线

2. 添加天花造型

（1）根据卧室天花效果图（见图 3-70），绘制三边暗藏灯带造型，按快捷键"O"，设置偏移宽度为 100 mm，调整到"TH 装修"图层。

绘制靠窗一侧窗帘盒，按快捷键"O"，偏移宽度设为 200 mm，调整到"TH 装修"图层。

绘制暗藏灯带，继续按快捷键"O"，偏移宽度设为 50 mm，线型调整为 ACAD_ISO03100。

将"PM 窗帘"图层在当前视口中解冻，效果如图 3-71 所示。

（2）绘制 3 种装饰线条，如图 3-72 所示。

线条①的绘制：按快捷键"O"，偏移宽度为 80 mm。

线条②的绘制：按快捷键"O"，偏移宽度为 260 mm，再次偏移 80 mm。

线条③的绘制：按快捷键"O"，偏移宽度为 100 mm，再次偏移 20 mm。

在转折处绘制对角线以及线条转折的示意线。结果如图 3-73 所示。

图 3-70　卧室天花效果图

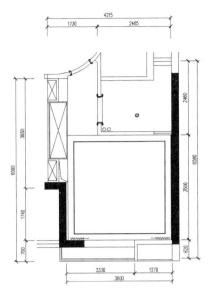

图 3-71　添加窗帘效果

图 3-72　卧室天花装饰线条

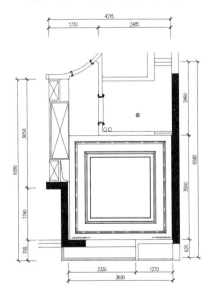

图 3-73　绘制装饰线条后的天花布置图

四、添加天花灯具、机电设备等

双击视口进入"模型"空间,插入灯具图例并调整图层到"TH 灯具"图层,如图 3-74 所示。

五、添加天花尺寸标注

将"BZ 天花造型"图层置为当前层,双击视口进入"模型"空间,为天花造型进行尺寸标注,如图 3-75 所示。

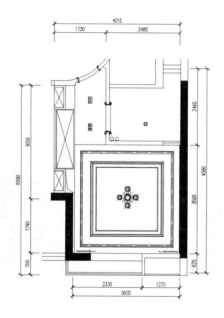

图 3-74　添加天花灯具图例等

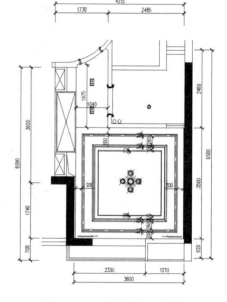

图 3-75　天花造型尺寸标注

六、添加材料标高符号、剖切符号等并注写图名

这部分内容应注写在视口外。

插入"作业 3-1"制作的材料标高符号。

按快捷键"T",选择"汉字"文字样式,字高设为"7",注写图名;字高设为"5",注写比例。在图名下加画粗实线,如图 3-76 所示。

七、绘制灯具尺寸图

复制天花布置图,关闭"BZ 天花造型"图层,将"BZ 灯具"图层置为当前层,双击视口进入"模型"空间,为灯具进行尺寸标注。添加灯具图例说明并修改图名。灯具尺寸图如图 3-77 所示。

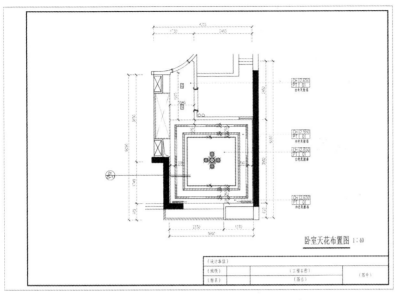

图 3-76   添加材料标高符号及图名等

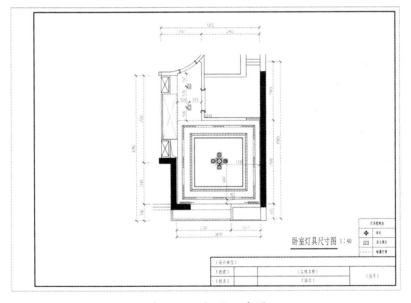

图 3-77   灯具尺寸图

八、完善标题栏文字信息

将标题栏内容填写完整。

● 作业 3-5

按要求完成天花吊顶图：

（1）图幅、比例使用正确。

(2)图层、图线使用正确。

(3)天花造型、灯具布置完整,图例表制作准确。

(4)尺寸标注、文字标注、图名、符号等完整、准确。

(5)掌握布局画图方法。

注:可分为两张图纸,即天花布置图和灯具尺寸图。

任务四　绘制卧室立面图

一、立面图图示内容及要求

1. 建筑

楼板:根据建筑图来确定楼板的厚度。

墙体:墙的厚度根据建筑图来确定,有些新建墙体厚度(如采用120 mm、240 mm厚轻质砌块墙,或100 mm、120 mm厚轻钢龙骨墙体)可根据现场情况及设计需求来确定。

门窗:门窗高度可根据建筑的门窗表来确定。

结构梁:根据建筑图来确定有无结构梁,以及结构梁的位置。

2. 装饰

天花造型:根据设计师方案,由平面向立面推进。

灯槽、灯具:根据设计师方案,在立面图上表现出来。

墙面造型:一般墙面材料为石材、墙砖、木饰面、玻璃、铝板等,注意按照材料模数尺寸进行分格。

墙面机电点位:开关面板,距地1.3 m;墙插,0.3 m;配电箱,1.8 m;网络数字电视终端,0.3 m;课时对讲室内机,1.3 m。绘制相应机电图例。

家具:有时为了图面表达丰满,我们会表现出固定家具、活动家具(一般用虚线表示)等。

3. 标注

材料标注:必须保证标注的每一个材料都是正确无误的。

尺寸标注:保证能按照标注尺寸正确进行施工。

符号:详图符号、索引符号等,应与相应图纸对应。

二、立面图绘制

(一)"模型"空间绘制

1. 绘制内容

(1)墙体及其填充,墙面造型及其材质填充。

（2）门和门套，窗和窗套，以及开启线。

（3）楼板及其填充，梁及其填充，地面完成面，楼梯、扶手、栏杆。

（4）设备封口及检修口，孔洞线，机电面板，灯具等。

（5）固定家具、活动家具及装饰。

（6）尺寸标注等。

2. 绘制步骤

以绘制卧室 A 立面图为例。

（1）新建立面图文件，打开 AutoCAD 2018，按"Ctrl+N"键新建文件，选择"模板 .dwt"，保存为"2 卧室立面"。

（2）在"模型"空间，复制"1 卧室 .dwg"，以卧室平面图作为参照，根据立面索引符号指示方向，依次绘制立面图。

（3）将"LM 墙体"图层置为当前图层，输入快捷命令"XL"，根据平面布置图创建辅助线以绘制立面图框架，如图 3-78 所示。

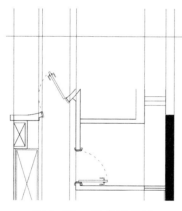

图 3-78　创建辅助线

（4）根据任务书中的建筑设计说明，以住宅层高 3.00 m、楼板结构厚 100 mm 为依据，绘制立面图层高和楼板结构线，并进行修剪，如图 3-79 所示。本例中立面图不涉及结构梁及建筑门窗的绘制；如需表现，应在这一步完成。

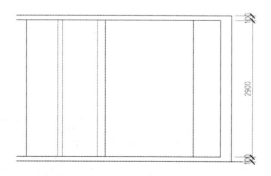

图 3-79　绘制立面图层高及楼板结构线

（5）绘制地面完成面。已知地面完成面厚度为50 mm，按快捷键"0"，绘制图线（见图3-80）并将图线置于"LM 完成面"图层。

图 3-80　绘制地面完成面图线

（6）根据方案绘制天花完成面。将"LM 完成面"图层置为当前层，根据方案中天花造型、材料、设备，确定并绘制天花造型图线，如图3-81、图3-82所示。

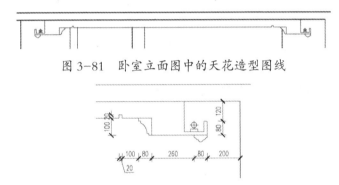

图 3-81　卧室立面图中的天花造型图线

图 3-82　天花造型（局部）

（7）根据方案绘制墙面造型完成面。将"LM 完成面"图层置为当前层，根据方案中墙面造型、材料、设备，确定并绘制墙面造型完成面图线，如图3-83所示。

（8）添加折断线，如图3-84所示。

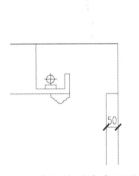

图 3-83　墙面造型完成面图线　　　图 3-84　添加折断线

（9）对立面图中的楼板和墙体进行填充，填充设置如图3-85所示，效果如图3-86所示。

图 3-85　楼板和墙体填充设置

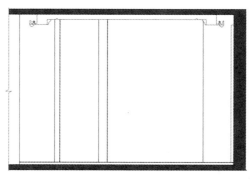

图 3-86　楼板和墙体填充效果

（10）根据方案绘制固定家具及墙面造型，如图 3-87 所示。固定家具和墙面造型在立面图中可绘制为剖面，也可仅示意厚度。

（11）根据方案添加机电面板。此处略。

（12）根据方案要求对面层材料进行图例填充，如图 3-88 所示。

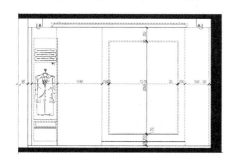

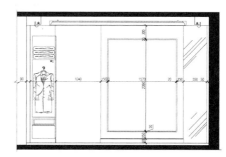

图 3-87　绘制固定家具及墙面造型　　　图 3-88　填充面层材料图例

（13）根据方案要求添加灯具、活动家具图例，如图 3-89 所示。

（14）绘制孔洞线，如图 3-90 所示。

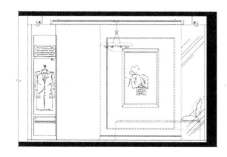

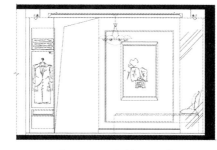

图 3-89　添加灯具、活动家具图例　　　图 3-90　绘制孔洞线

（二）"布局"空间编辑

1. 绘制内容

（1）图框、图名、比例、视口、折断线等。

（2）定位辅助线、轴号、节点索引、空间指引符。

(3)标高、材料标注等。

2. 绘制步骤

(1)添加图框。

切换到"布局"空间,将绘制好的 A3 图框复制到"模型"空间里。

(2)在图框的有效边界内绘制矩形视口,设置比例。

选择菜单中的"布局"—"视口",点选"矩形",用鼠标左键在 A3 图框内创建视口。

用鼠标双击视口进入视口(也可用鼠标点击最下边的状态栏上的"图纸/模型"来切换),在命令行里键入"Z",按回车键,输入比例因子(此处输入"1/20XP"),然后用平移命令将图形移动到合适的位置,如图 3-91 所示。

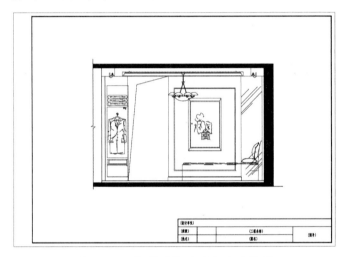

图 3-91 将图形移动到合适的位置

双击视口外空白区域,退出视口编辑,选择视口边框,右键选择"显示锁定",选择"是",锁定视口,并将视口线调整到软件默认不打印图层"Defpoints"。

(3)添加结构尺寸标注、造型标注。

使用"布局"空间编辑图纸,在标注前应对标注样式进行调整。新建标注样式"布局标注",以模板中"1∶1"为基础样式。在"调整"选项卡点选"将标注缩放到布局"。

将"标注"图层置为当前层,双击视口进入视口编辑,为卧室立面图添加尺寸标注,如图 3-92 所示,标注到视口内。

(4)添加立面标高。

在"布局"空间的视口外,使用动态图块"标高",放置在合适位置,修改标高数字,如图 3-93 所示。

(5)添加节点索引符号和放大索引符号等。此处略。

(6)添加材料标注。

装饰施工图深化设计(第二版)

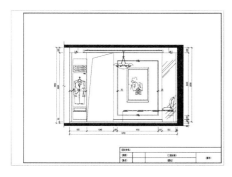

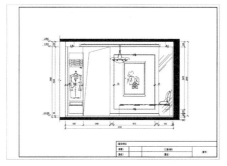

图 3-92　添加尺寸标注　　　　图 3-93　添加立面标高

在"布局"空间的视口外,输入快捷命令"LE",选择"汉字"文字样式,在视口外进行文字标注,使用动态图块"材料符号",放置在合适位置,修改信息,如图3-94所示。

(7) 添加图名、比例等。

在"布局"空间的视口外,按快捷键"T",选择"汉字"文字样式,字高设为"7",注写图名;字高设为"5",注写比例。在图名下加画粗实线,如图3-95所示。

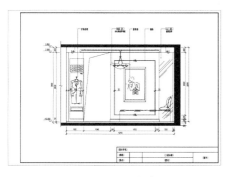

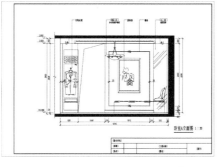

图 3-94　添加材料标注　　　　图 3-95　添加图名、比例等

(8) 修改图框文字信息。

● 作业 3-6

按任务书要求完成卧室立面图(共计 4 个立面,见附图 ZS-13、ZS-14、ZS-15、ZS-16)绘制:

(1)图幅、比例使用正确。

(2)图层、图线使用正确。

(3)建筑、装饰、标注均准确、完整。

(4)图名、符号等完整、准确。

(5)使用布局完成。

注:所绘设计内容及形式应与方案设计图相符。

任务五　绘制卧室剖面图

一、剖面图图示内容及要求

(1) 为表达设计意图,需绘制局部剖面。

(2) 顶面剖面图需有标高尺寸。

(3) 涉及楼板、梁等构件的尺寸一般应严格按结构图或实际情况画出。

(4) 注明造型尺寸、构造材料、面层材料等。

(5) 局部引出大样图。

注意:所绘设计内容及形式应与方案设计图相符。

二、天花剖面图的绘制

天花剖面的剖切位置及方向参见图 3-96。

图 3-96　天花剖面的剖切位置及方向

(一)"模型"空间绘制

1. 绘制内容

(1) 墙体及其填充,楼板及其填充,梁、其他结构及其填充。

(2) 装饰造型材料及其填充。

(3) 活动家具、灯具及装饰、设备等。

(4) 折断线、尺寸标注等。

2. 绘制步骤

(1) 新建立面文件,打开 AutoCAD 2018,按"Ctrl+N"键新建文件,选择"模板 .dwt",保存为"3 卧室剖面"。

(2) 在"模型"空间,根据天花布置图以及天花剖面效果图,确定要绘制的天花节点。

(3) 找到对应节点的立面图,将其复制到天花节点文件模型当中,如图 3-97 所示。

(4) 调整立面图图纸,仅保留需要绘制天花节点的部分,添加折断线,如图 3-98 所示。

(5) 完善天花节点内部结构,如图 3-99 所示。

(6) 对天花节点基层材质及楼板、墙体进行填充,如图 3-100 所示。

(7) 调整线型样式和线条颜色。

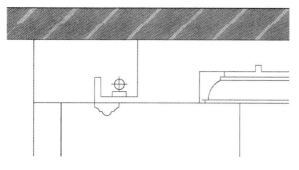

图 3-97 复制对应节点的立面图

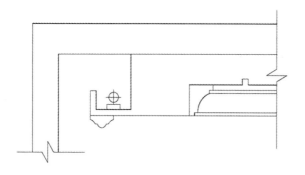

图 3-98 保留需要绘制天花节点的部分并添加折断线

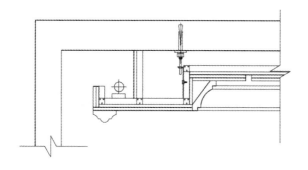

图 3-99 完善天花节点内部结构

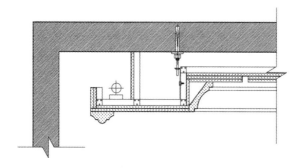

图 3-100 对基层材质及楼板、墙体进行填充

装饰施工图深化设计（第二版）

（二）"布局"空间编辑

1.绘制内容

(1)图框、图名、比例、视口、折断线等。

(2)天花标高、材料标注等。

2.绘制步骤

(1)添加图框。

切换到"布局"空间,将绘制好的A3图框复制到"模型"空间里。

(2)在图框的有效边界内绘制矩形视口,设置比例。

选择菜单中"布局"—"视口",点击"矩形",用鼠标左键在A3图框内创建视口。

注意:剖面图图形比较小,可以在一个图框当中创建多个视口,分别设置不同的比例。

用鼠标双击视口进入视口(也可用鼠标点击最下边的状态栏上的"图纸/模型"来切换),在命令行里键入"Z",按回车键,输入比例因子(此图的比例为"1/5XP"),然后可以用平移命令将图移动到合适的位置,如图3-101所示。

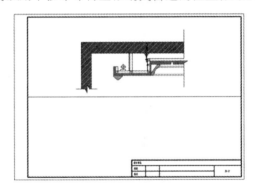

图3-101 将图移动到合适的位置

双击视口外空白区域,退出视口编辑,选择视口边框,右键选择"显示锁定",选择"是",锁定视口,并将视口线调整到软件默认不打印图层"Defpoints"。

(3)添加结构尺寸标注、造型标注。

使用"布局"空间编辑图纸,在标注前应对标注样式进行调整。新建标注样式"布局标注",以模板中"1:1"为基础样式。在"调整"选项卡点选"将标注缩放到布局",并置为当前。

将"标注"图层置为当前层,双击视口进入视口编辑,为卧室天花剖面图添加尺寸标注,标注到视口内,如图3-102所示。

(4)添加天花标高。

根据天花布置图标高,在"布局"空间的视口外,使用动态图块"标高",复制粘贴在合适位置,修改内容,如图3-103所示。

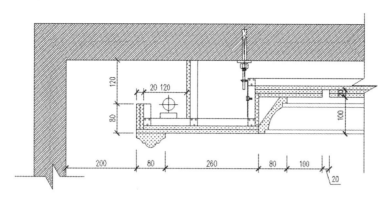

图 3-102 添加尺寸标注

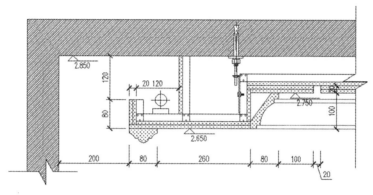

图 3-103 添加天花标高

(5)添加材料标注。

在"布局"空间的视口外,按快捷键"LA",选择"汉字"文字样式,在视口外进行文字标注,使用动态图块"材料符号",复制粘贴在合适位置,修改信息,如图 3-104 所示。

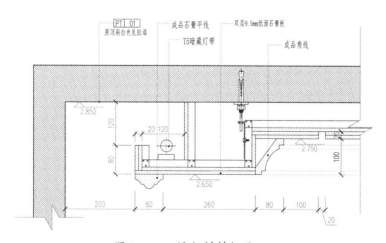

图 3-104 添加材料标注

(6)添加图名等。

在"布局"空间的视口外,按快捷键"T",选择"汉字"文字样式,字高设为"7",注写图名;字高设为"5",注写比例。在图名下加画粗实线,放剖切符号(排图时统一修改信息,与剖切符号所在图对应),如图3-105所示。

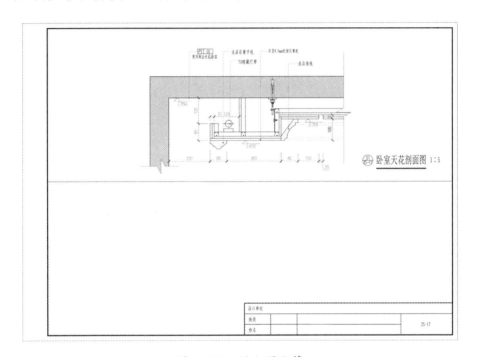

图 3-105 添加图名等

● 作业 3-7

按任务书要求完成卧室天花剖面图绘制:

(1)图幅、比例使用正确。

(2)图层、图线使用正确。

(3)建筑、装饰、标注等准确、完整。

(4)图名、符号等完整、准确。

(5)使用布局完成。

注:所绘设计内容及形式应与方案设计图相符。

三、墙身剖面图的绘制

墙身剖面图剖切位置及方向以及墙面软包构造参见图3-106、图3-107。

图 3-106　墙身剖面图剖切位置及方向

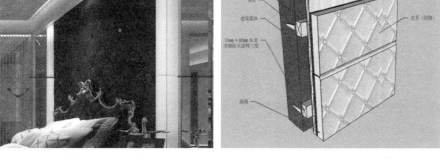
图 3-107　软包结构示意图

（一）"模型"空间绘制

1. 绘制内容

(1)墙体及其填充,装饰造型材料及其填充,楼板及其填充,其他建筑结构及其填充。

(2)活动家具、装饰、设备等。

(3)折断线、尺寸标注等。

2. 绘制步骤

(1)在"模型"空间,根据立面图及墙身剖面效果图,确定要绘制的墙身剖面图。

(2)根据平面图,确定墙身完成厚度。

(3)在剖面图文件的"模型"空间绘制墙体厚度,一般墙厚可画为 100 mm,只作为墙体的示意。为表示省略部分,在中间添加双折断线打断,墙体外框用虚线表示,如图 3-108 所示。

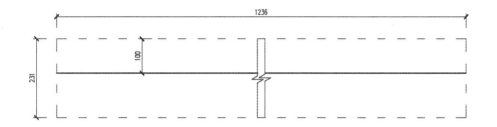
图 3-108　绘制墙体厚度示意

(4)以墙体为基础绘制墙身完成面厚度,根据相关立面(附图 ZS-14),在折断线左侧完善墙身剖面图的内部结构,如图 3-109 所示。

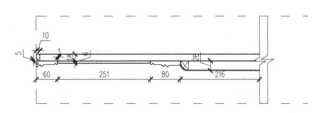

图 3-109　完善墙身剖面图的内部结构

（5）对墙身剖面基层材质及楼板、墙体进行填充。完成此操作后，输入快捷命令"MI"镜像复制双折断线左半部分，镜面装饰位置中部加双折断线，表示未将实际尺寸全部画在图面上，如图 3-110 所示。

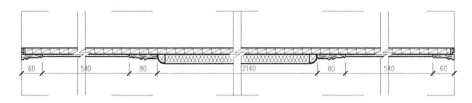

图 3-110　填充及镜像复制

（6）根据规范要求和打印对相关线宽、颜色的要求，调整线型样式和线条颜色。

（二）"布局"空间编辑

1.绘制内容

（1）图框、图名、比例、视口、折断线等。

（2）材料标注、文字说明等。

2.绘制步骤

（1）添加图框。

切换到"布局"空间，将绘制好的 A3 图框复制到"模型"空间里。

（2）在图框的有效边界内绘制矩形视口，设置比例。

选择菜单中的"布局"—"视口"，点击"矩形"，用鼠标左键在 A3 图框内创建视口。

用鼠标双击视口进入视口（也可用鼠标点击最下边的状态栏上的"图纸/模型"来切换），在命令行里键入"Z"，按回车键，输入比例因子（此图的比例为"1/5XP"），然后可以用平移命令将图移动到合适的位置，如图 3-111 所示。

双击视口外空白区域，退出视口编辑，选择视口边框，右键选择"显示锁定"，选择"是"，锁定视口，并将视口线调整到软件默认不打印图层"Defpoints"。

（3）添加结构尺寸标注等。

使用"布局"空间编辑图纸，在标注前应对标注样式进行调整。新建标注样式"布局标注",以模板中"1:1"为基础样式。在"调整"选项卡点选"将标注缩放到布局",并置为当前。

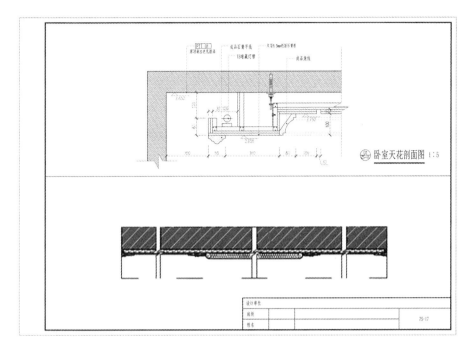

图 3-111　将图移动到合适的位置

将"标注"图层置为当前层,双击视口进入视口编辑,为卧室墙体剖面图添加尺寸标注,标注到视口内。

双折断线是在绘制的物体比较长而中间形状相同时为节省界面使用。标注时应以立面长度为准进行标注,输入快捷命令"ED",修改标注尺寸,如图 3-112所示。

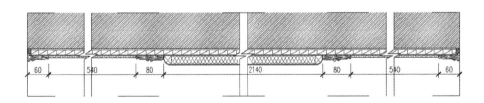

图 3-112　添加结构尺寸标注

(4)添加材料标注。

在"布局"空间的视口外,按快捷键"LA",选择"汉字"文字样式,在视口外进行文字标注,使用动态图块"材料符号",复制粘贴在合适位置,修改信息,如图3-113所示。

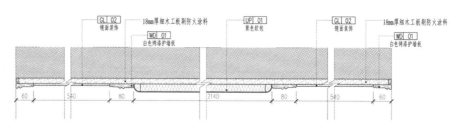

图 3-113　添加材料标注

（5）添加图名等。

在"布局"空间的视口外，按快捷键"T"，选择"汉字"文字样式，字高设为"7"，注写图名；字高设为"5"，注写比例。在图名下加画粗实线，放剖切符号（排图时统一修改信息，与剖切符号所在图对应），如图 3-114 所示。

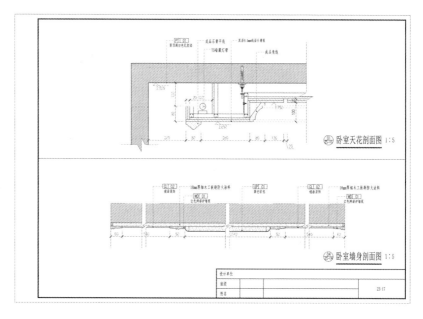

图 3-114　添加图名等

（6）修改图框文字信息。

● 作业 3-8

按任务书要求完成卧室墙身剖面图绘制：

（1）图幅、比例使用正确。

（2）图层、图线使用正确。

（3）建筑、装饰、标注等准确、完整。

（4）图名、符号等完整、准确。

（5）使用布局完成。

注：所绘设计内容及形式应与方案设计图相符。

第三节　家装客餐厅专项训练

本次任务的客餐厅效果及剖面位置如图 3-115 所示。

图 3-115　客餐厅效果及剖面位置

任务一　平面布置图

客餐厅常用家具尺寸标准参考表 2-5。

常见餐厅用家具的尺寸标准为：

(1)椅凳：座面高 0.42~0.44 m，扶手椅内宽不小于 0.46 m。

(2)餐桌：中式一般高 0.75~0.78 m，西式一般高 0.68~0.72 m。

方桌：宽 1.2/0.9/0.75 m。

长条桌：宽 0.8/0.9/1.05/1.2 m，长 1.5/1.65/1.8/2.1/2.4 m。

圆桌：直径为 0.9/1.2/1.35/1.5/1.8 m。

了解相关尺寸标准后进行相应设计，并完成平面布置图的绘制。

按要求完成平面布置图（见附图 ZS-18）。

(1) 图幅、比例使用正确。

(2) 图层、图线使用正确。

(3) 家具布置合理。

(4) 尺寸标注、文字标注、图名、符号等完整、准确。

(5) 掌握布局画图方法。

注：可分为平面布置图、家具尺寸图、立面索引图等。

任务二　地面铺装图

一、客餐厅地面材料

常见铺地材料是瓷砖，如图 3-116 所示。

图 3-116　瓷砖

地面材料常见要求：

尺寸：产品大小统一，可节省施工时间，而且整齐美观。

吸水率：吸水率越低，玻化程度越好，产品理化性能越好，越不易因气候变化热胀冷缩而产生龟裂或剥落。

平整性：平整性佳的瓷砖，表面不弯曲、不翘角，容易施工，施工后地面平坦。

强度：抗折强度高、耐磨性佳且抗重压、不易磨损、历久弥新的地面材料，人流量大的公共场所也同样适用。

色差：将瓷砖平放于地板上，拼排成 1 m²，离 3 m 观看是否有颜色深浅不同或无法衔接的情况，若没有则认为没有色差，较为美观。

二、常见客餐厅地面铺贴方式

客餐厅地面铺贴常用方式为波打线或45°斜拼，如图 3-117、图 3-118 所示。

图 3-117　客餐厅地面铺贴 1　　　　　图 3-118　客餐厅地面铺贴 2

波打线,又称波导线,也称为花边或边线等,通常安装在入户玄关或客厅、走廊等公共区域,如图 3-119、图 3-120 所示,是沿着周边墙壁的地板做的装饰线。根据不同的设计风格应采用不同的波打线装饰,一般为纯色或花纹样式;楼地面做法中常加入与整体地面颜色不同的线条以增加设计效果。

波打线的作用如下:

(1)装饰作用。波打线最主要的作用是装饰,设计中加入波打线可使整个空间显得不再单调。

(2)划分空间。波打线还有划分空间的功能,比如在餐厅与客厅相连的情况下给两个不同的功能区域增加波打线装饰可以让人明显感觉到空间的划分。

(3)节约瓷砖。波打线和瓷砖一起铺设在地板上,安装波打线会在一定程度上节约瓷砖的用量及成本。

图 3-119　波打线 1　　　　　　　图 3-120　波打线 2

(4)增强主题。室内风格多样,相搭配的波打线也风格多样,选择与家装风格相似的波打线能突出装修风格,例如:中式风格设计搭配简约条纹波打线,欧式风格设计搭配花纹波打线。

波打线宽度尺寸的确定没有一个统一的标准,就家庭装修设计而言,其宽度一般在 10~20 cm。其宽度的确定,一般是以使圈边内铺贴的瓷砖为整片或者接近整片来进行综合考虑的。

举例来说,客厅宽度为 4.2 m,铺贴 800 mm×800 mm 的瓷砖,一排铺 5 片瓷砖后剩余 20 cm,那么波打线宽度可设为 10 cm。

若采用两条波打线(两圈),在设计的时候,一般会采取深浅搭配的方式,其中浅色的波打线和客厅所用的主砖一致。对于颜色深浅搭配的波打线的宽度,可按照深∶浅为 2∶1 设计,一般不采用一样的宽度。

设计波打线尺寸要考虑使用空间大小。如果房间比较大,那么就可以选尺寸较大的波导线;房间空间小,就用尺寸较小的波导线。这是因为,波导线要起到装饰环境、强调空间感的作用,它的尺寸如果与房间大小不协调,就会使设计显得突兀怪异,失去美感。

● **作业 3–10**

按要求完成地面铺装图(见附图 ZS-19):
(1)图幅、比例使用正确。
(2)图层、图线使用正确。
(3)材料分格正确,标注完整。
(4)尺寸标注、文字标注、图名等完整、准确。
(5)掌握布局画图方法。

任务三　天花布置图

天花吊顶,是通过一层"假天花",将顶面相关设备(比如空调)、管道等隐藏起来的装饰措施,如图 3-121 所示。

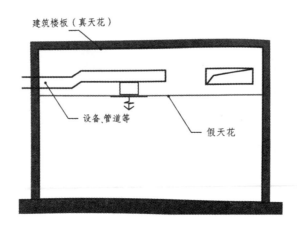

图 3-121　天花吊顶示意图

要表现顶面造型,就需要绘制天花布置图,其绘制原理是镜像投影。想象拿一面大镜子放在所绘空间的地上,从镜子里看到的顶面的样子就是需要表现在天花布置图上的内容。每条顶面线条对应的是一个造型或其转折线(灯带或灯槽一般用虚线或点画线表示)。顶面线条与剖面转折对应示意图如图 3-122 所示。

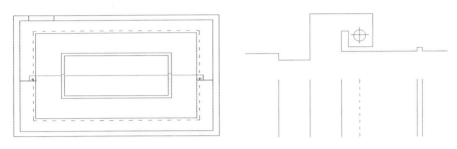

图 3-122　顶面线条与剖面转折对应示意图

所有的线都应是一一对应的(强调:不管是天花布置图还是立面图或节点图,每一条线都应是有意义的)。

天花吊顶造型尺寸确定的影响因素:

(1)结构——原始层高、结构梁、管道等。

(2)设备——空调、新风系统、音响、消防等。

(3)材料——龙骨、基层、面层材料规格厚度,灯带、灯具等。

(4)设计造型——设计风格、美观等。

1. 结构

本任务住宅层高 3.00 m,梁高 400 mm,楼板结构厚度为 100 mm。

设计的室内净高为 3 m-0.1 m-0.05 m(地面完成面)=2.85 m,室内吊顶最低点一般不低于 2.6 m,梁下净高低于 2.6 m,可做局部吊顶,如图 3-123 所示。

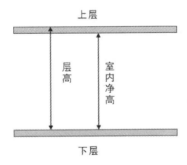

图 3-123　层高与室内净高示意图

2. 设备

对于在家庭中使用的中央空调的室内机(见图 3-124)的厚度,最常规的尺寸是 20 cm(像这类中央空调的室内机的尺寸(mm×mm×mm)常是

200×450×450、200×700×450、200×1100×450 等)。在不考虑灯带的情况下，做吊顶时至少要留 250 mm 以上来遮蔽室内机。

图 3-124　空调室内机示意图

3. 材料

吊顶构造一般由龙骨、基层、面层三部分组成。下面以轻钢龙骨石膏板吊顶为例，来分析材料完成厚度。

(1)龙骨。

家装用轻钢龙骨可分为悬挂式吊顶龙骨、38 卡式吊顶龙骨及撑卡吊顶龙骨。

悬挂式吊顶龙骨是轻钢龙骨界的"主力军"，占了大半个吊顶骨架的市场，适用于空间厚度 ≥ 300 mm 的吊顶，几乎适用于任何室内空间，如图 3-125 所示。

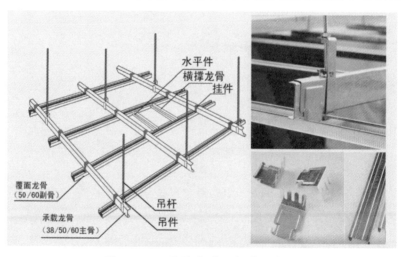

图 3-125　悬挂式吊顶龙骨示意图

38 卡式吊顶龙骨适用于吊顶完成面厚度在 100～300 mm 之间的空间,如普通家庭、酒店客房、会所的吊顶等,如图 3-126 所示。

图 3-126 38 卡式吊顶龙骨示意图

撑卡吊顶龙骨适用于家庭、酒店客房、餐厅包间等较小空间的平面吊顶,也被称为贴顶式骨架,如图 3-127 所示。使用这种龙骨能最大限度地缩小完成面的厚度(最小可做到 35 mm),且材料成本低。

(2)基层:常采用纸面石膏板(9.5 mm)、木工板(18 mm)、奥松板(9 mm、12 mm、15 mm),如图 3-128 所示。

(3)面层:常采用乳胶漆、壁纸、镜面、木饰面、各种金属板等。

图 3-127 撑卡吊顶龙骨示意图

图 3-128　吊顶基层材料示意图

● 作业 3-11

按要求完成天花布置图(见附图 ZS-20、ZS-21):

(1)图幅、比例使用正确。

(2)图层、图线使用正确。

(3)天花造型、灯具布置完整,图例表制作准确。

(4)尺寸标注、文字标注、图名、符号等完整、准确。

(5)掌握布局画图方法。

注:可分为两张图纸。

任务四　客餐厅立面图

客餐厅立面图主要表现客餐厅立面主要材料及其构造。

一、室内墙面石材干挂

石材干挂法又名空挂法,该方法以金属挂件将饰面石材直接吊挂于墙面或空挂于钢架之上,不需再灌浆粘贴,如图 3-129、图 3-130 所示。其原理是:在主体结构上设主要受力点,通过金属挂件将石材固定在建筑物上。它不适用于砖墙和加气混凝土墙,因为砖墙和加气混凝土墙不能直接承重。必须要在主体结构上能做钢架才能干挂石材。

(一)室内石材设计规程

(1)同一工程尽量选同一个矿源的同一个层面的岩石,并保证同一装饰面及相邻部位的花纹颜色协调。

(2)同一名称的天然石材的颜色和花纹可能有较大差异,须选择两块标准样板(颜色深浅各一块,且不小于 200 mm × 300 mm),作为控制颜色的上下限和验收的标准。

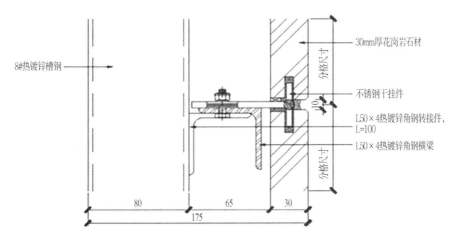

8#热镀锌槽钢

30mm厚花岗岩石材

不锈钢干挂件

L50×4热镀锌角钢转接件，L=100

L50×4热镀锌角钢横梁

分格尺寸

80   65   30

175

图 3-129　干挂石材剖面图（单位：mm）

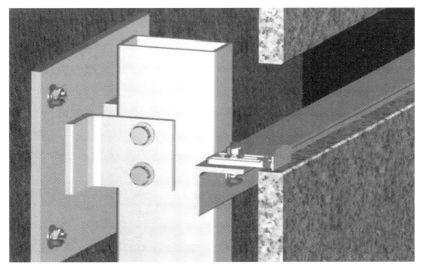

图 3-130　干挂石材局部构造示意图

（3）进行天然石材饰面设计时应注明石材纹理的走向,对主要区域或重点部位应绘制石材加工图。工厂按图编号加工,按相关标准规程进行选色、排板、校对尺寸等。

（4）石材饰面板、地面板在变形缝(抗震缝、伸缩缝、沉降缝)处设计时,必须保证变形缝的变形功能和饰面的完整美观。

（5）同一空间的顶、墙、地应考虑通缝或有规律相接。

（6）大理石一般不宜用于室外以及其他与酸有接触的部位。

（二）墙、柱石材饰面设计

（1）墙、柱石材饰面设计应注意饰面石材的模数和建筑模数的配合,特别是墙面石材与门、窗、洞、雕刻石材等固定装饰物之间模数的关系,避免出现不足模

数(1/2 窄条)的石材。

(2)墙、柱同时选择石材饰面时应注意整体分块、分缝的协调统一;相同材质的墙、柱,无论横向或竖向分缝,都应保持基本相同的模数。

(3)墙面石材分缝排板时应使阳角处为整块(完整模数),非整块(不足模数)应安排在阴角处,如图 3-131 所示。

(4)墙体门(窗)洞处的石材分缝排板,应将整块(完整模数)安排在门(窗)洞边,如图 3-132 所示。当洞口的高度和石材分块无法对应时,可将其不足之处做特殊处理,如选用其他材料。

(5)墙面的水平拼缝应与窗台(台面)石材的上沿口通缝或有规律相接。

(6)墙、柱的转角方式分为两侧墙饰面板直接拼接和增加墙角线拼接两种。

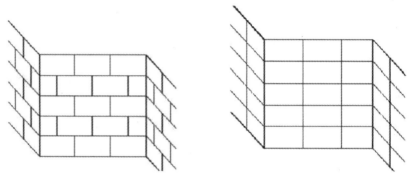

图 3-131 墙面石材分缝排板

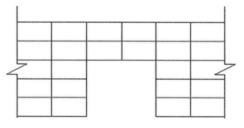

图 3-132 墙体门(窗)洞处的石材分缝排板

(三)干挂墙、柱石材饰面设计

(1)室内石材干挂板材的厚度应不小于 20 mm,干挂板材的单块面积不宜大于 1.5 m²。

(2)天然石灰岩、砂岩、洞石的厚度应大于等于 30 mm。质地疏松的变质岩用于室外时必须预先做固化处理。

(四)骨架设计

(1)直接依据放线的位置对立杆进行安装,一般是从底部开始,然后逐级向上推移进行。相关验收规范要求,立杆与立杆的间距不能 > 1200 mm,间距为 900 mm 为宜,如图 3-133 所示。钢架与墙体固定示意图如图 3-134 所示。

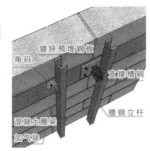

图 3-133 立杆间距要求（单位：mm）   图 3-134 钢架与墙体固定示意图

（2）横向骨架间距根据石材设计宽度以及石材设计规范来确定。

（五）干挂件

（1）钢架基层完成后，根据石材的排板图，开始安装石材的干挂。这里注意，一般石材干挂件中心距石材板边不得 < 100 mm。

（2）50 mm×50 mm×5 mm 的热镀锌角钢上安装的挂件中心间距不宜 > 700 mm。边长≤1 m 的 25 mm 厚石材可设 2 个挂件；边长 > 1 m 时，应增加 1 个挂件。

干挂件的间距要求如图 3-135 所示。

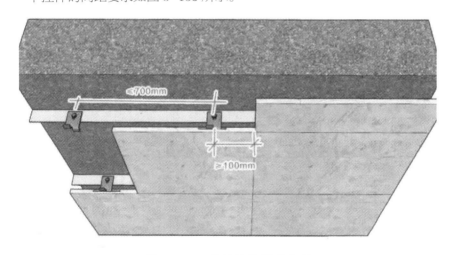

图 3-135 干挂件的间距要求

二、室内墙面护墙板

护墙板是近年来发展起来的一种新型装饰墙体材料，一般采用木材等为基材。随着定制家居时代的到来，人们常常采用护墙板，让硬装和软装达到统一水准，让两者在工艺质感上实现了无缝对接。

护墙板具有安装方便、快捷、省时、省力，互换性好，可多次拆装使用，不变形、寿命长等优点。

护墙板主要由墙板、装饰套框、阴角线、踢脚线、腰线等组成，如图 3-136、图

3-137 所示。

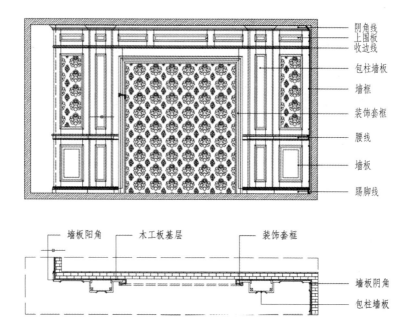

阴角线
上围板
收边线
包柱墙板
墙框
装饰套框
腰线
墙板
踢脚线

墙板阳角　　木工板基层　　装饰套框

墙板阴角
包柱墙板

图 3-136　护墙板 1

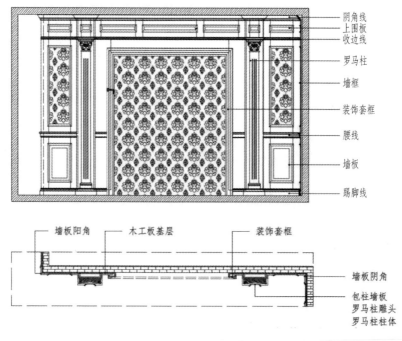

阴角线
上围板
收边线
罗马柱
墙框
装饰套框
腰线
墙板
踢脚线

墙板阳角　　木工板基层　　装饰套框

墙板阴角
包柱墙板
罗马柱雕头
罗马柱柱体

图 3-137　护墙板 2

护墙板连接结构设计如图 3-138、图 3-139 所示。

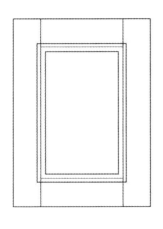
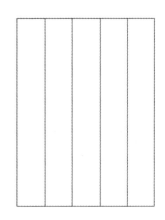

图 3-138　护墙板连接结构设计举例

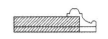

图 3-139　护墙板连接结构设计类型

● 作业 3-12

　　按要求完成客餐厅立面图(见附图 ZS-22、ZS-23、ZS-24、ZS-25,共计 4 个立面)。

　　具体要求如下:

　　(1)图幅、比例使用正确。

　　(2)图层、图线使用正确。

　　(3)建筑装饰标注准确、完整。

　　(4)尺寸标注、文字标注、图名、符号等完整、准确。

　　(5)使用布局完成。

　　注:所绘设计内容及形式应与方案效果图相符。

任务五 客餐厅剖面图

一、天花剖面图绘制作业(见附图 ZS-26)

按任务书完成卧室天花剖面图绘制,具体要求如下:

(1)图幅、比例使用正确。

(2)图层、图线使用正确。

(3)建筑装饰标注准确、完整。

(4)尺寸标注、文字标注、图名、符号等完整、准确。

(5)使用布局完成。

注:所绘设计内容及形式应与方案效果图相符。

二、墙身剖面图绘制作业(见附图 ZS-27)

按任务书完成卧室墙身剖面图绘制,具体要求如下:

(1)图幅、比例使用正确。

(2)图层、图线使用正确。

(3)建筑装饰标注准确、完整。

(4)尺寸标注、文字标注、图名、符号等完整、准确。

(5)使用布局完成。

注:所绘设计内容及形式应与方案效果图相符。

第四节 强、弱电点位图及照明连线图专项训练

任务一 强电点位图

强电点位图图示内容包括如下几方面。

(一)"模型"空间基础对象

(1)原始墙体、结构墙。

(2)原始建筑窗户。

(3)电梯、烟道、管井。

(4)柱。

(二)"模型"空间与平面布置图相同内容

(1)新建墙体及其填充、隔断、墙面完成面。

装饰施工图深化设计(第二版)

(2)门套、门扇。

(3)楼梯及栏杆。

(4)地面高差、地灯。

(5)固定家具、活动家具。

(6)五金。

（三）"布局"空间标准内容

(1)图框、图名。

(2)轴号、轴线、轴线尺寸。

(3)视口。

（四）强电点位图特有内容

(1)强电插座。

(2)强电插座点位尺寸标注。

(3)强电插座图例表。

(4)强电插座点位文字说明标注。

（五）"布局"空间编辑步骤

(1)复制平面布置图中的视口、图框、轴线等内容；

(2)将活动家具线型设置为虚线，调整线型颜色为洋红(6号)；

(3)添加强电插座图例；

(4)为强电插座点位添加尺寸标注；

(5)为强电插座点位添加文字说明标注；

(6)绘制强电插座图例表,说明一般高度；

(7)添加图名、比例；

(8)修改图框文字信息。

● 作业 3-13

按任务书要求完成强电点位图(即强电布置图,见附图 ZS-05)绘制：

(1)图幅、比例使用正确。

(2)图层、图线使用正确。

(3)强电点位平面位置合理,高度位置合理。

(4)使用布局完成图纸排版、打印、输出。

任务二　弱电点位图

弱电点位图图示内容包括如下几个方面。

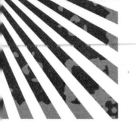

（一）模型空间基础对象

(1) 原始墙体、结构墙。

(2) 原始建筑窗户。

(3) 电梯、烟道、管井。

(4) 柱。

（二）模型空间与平面布置图相同内容

(1) 新建墙体及其填充、隔断、墙面完成面。

(2) 门套、门扇。

(3) 楼梯及栏杆。

(4) 地面高差、地灯。

(5) 固定家具、活动家具。

(6) 五金。

（三）布局空间标准内容

(1) 图框、图名。

(2) 轴号、轴线、轴线尺寸。

(3) 视口。

（四）弱电点位图特有内容

(1) 弱电插座。

(2) 弱电插座点位尺寸标注。

(3) 弱电插座图例表。

(4) 弱电插座点位文字说明标注。

（五）布局空间编辑步骤

(1) 复制强电插座点位图，隐藏强电插座显示；

(2) 添加弱电插座图例；

(3) 为弱电插座点位添加尺寸标注；

(4) 为弱电插座点位添加文字说明标注；

(5) 绘制弱电插座图例表，说明一般高度；

(6) 添加图名、比例；

(7) 修改图框文字信息。

● 作业 3-14

按任务书要求完成弱电点位图（即弱电布置图，见附图 ZS-06）绘制：

(1) 图幅、比例使用正确。

(2)图层、图线使用正确。

(3)弱电点位平面位置合理,高度位置合理。

(4)使用布局完成。

任务三　照明连线图

照明连线图图示内容包括如下几方面。

(一)"模型"空间基础对象

(1)原始墙体、结构墙。

(2)原始建筑窗户。

(3)电梯、烟道、管井。

(4)柱。

(二)"模型"空间与天花平面布置图相同内容

(1)新建墙体及其填充、墙面完成面。

(2)门套。

(3)落地到顶固定家具。

(4)不落地到顶固定家具。

(5)天花灯具。

(6)天花造型。

(三)"模型"空间中照明连线图特有内容

(1)家具灯具。

(2)壁灯。

(四)"布局"空间标准内容

(1)图框、图名。

(2)轴号、轴线、轴线尺寸。

(3)视口。

(五)"布局"空间中照明连线图特有内容

(1)开关。

(2)开关与灯具连线。

(3)开关图例表。

(六)"布局"空间编辑步骤

(1)复制天花布置图中视口、图框、轴线等内容;

(2)关闭风口图层显示,打开灯具图层显示;

(3) 在合适位置添加开关图例；

(4) 添加灯具与开关的连接线；

(5) 绘制开关图例表，说明一般高度；

(6) 添加图名、比例；

(7) 修改图框文字信息。

● 作业 3-15

按任务书要求完成照明连线图（见附图 ZS-07）。

具体要求如下：

(1) 图幅、比例使用正确；

(2) 图层、图线使用正确；

(3) 开关平面位置合理，高度位置合理，灯具开关设置合理；

(4) 使用布局完成排版、打印以及图纸输出。

第五节　厨房、卫生间专项训练

一、常见的瓷砖排板方式

厨房、卫生间墙面及地面的主要材料是瓷砖，下面对瓷砖的常规排板方式来进行介绍。

目前瓷砖的尺寸规格比较多，如常见的 300 mm × 300 mm、300 mm × 450 mm、300 mm × 600 mm、600 mm × 600 mm 等。我们排板时，要尽量挑选常见和通用的尺寸规格，这样不会被局限，能放开手脚选择并设计。如果设计完成及效果确认后，找不到合适规格的瓷砖，会直接导致整个方案更改。所以，需要特别留意这一点。

1. 方格式铺贴

方格式铺贴（见图 3-140）大家应该再熟悉不过了，简洁大方的铺贴方式可以运用在各种空间。

2. 菱形铺贴

图 3-141 中的铺装方式就是菱形铺贴，从古至今都有着这种铺装形式，可谓经典。

3. 砖型铺贴

砖型铺贴如图 3-142 所示。该造型就像我们砌砖墙一样，交错铺贴。这种铺贴造型多数出现在中式风格的空间中。

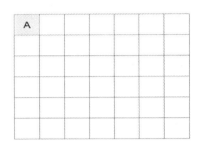

图 3-140　方格式铺贴

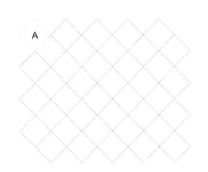

图 3-141　菱形铺贴

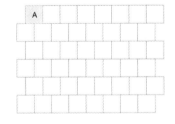

图 3-142　砖型铺贴

4. 跳房子型铺贴

跳房子型铺贴方式是用两种大小不一的瓷砖进行组合,然后重复铺贴,如图 3-143 所示。

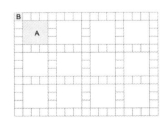

图 3-143　跳房子型铺贴

5. 网点型铺贴

网点型铺贴,如图 3-144 所示,也是用两种尺寸的瓷砖拼贴。这种形式一般都是由瓷砖厂家加工瓷砖,再由工人完成铺贴。

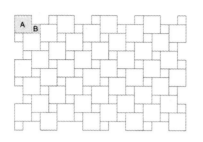

图 3-144　网点型铺贴

二、图纸中如何确定起铺点

要想瓷砖设计落地损耗小且效果美观,就必须要有一张基于现场实际情况而绘制的瓷砖铺装图。绘制这张图纸应基于现场的真实数据,只有这样,才能更好地控制瓷砖的损耗以及设计效果。

在绘制铺装图之前,有一个重要的步骤就是找到瓷砖的起铺点;另外,瓷砖的排布也是影响整体效果的一个重要因素。

1. 瓷砖排布流程

瓷砖排布流程如图 3-145 所示。

瓷砖排布流程

实测数据 → 作业顺序 → 确定完成面

审核 ← 出图 ← 调整

确认出图

图 3-145　瓷砖排布流程

2. 起铺点设置的总体规则

(1)除不规则部位外,尽可能地使用整砖。

(2)工人铺贴时减少裁砖,非整砖不得使用小砖。

(3)瓷砖压向要求门口处正视。

(4)侧墙压横墙,墙砖压地砖。

(5)如果在一个墙/地面确实出现无法排下两片整砖的情况,单切一片砖贴上去会显得一边大一边小,不太美观。这个时候可以把需要切掉的尺寸平摊到两块瓷砖上,将两片瓷砖切到对称,这样贴出来的墙/地面会更美观。

3. 墙砖起铺点设置

(1)遇阳角由阳角起铺。

(2)门及窗上下侧半砖均匀居中。出现1/2块的小条砖时,应将一块小条砖加一块整砖的尺寸平均后切成两块大于1/2的非整砖排列在门及窗两边的部位,并且位置要对称。

(3)有腰线的,以腰线上、下起铺整砖。

4.地砖起铺点设置

(1)条形地面宜由门口中位起铺整砖。

(2)方形大面积地面宜以进门主视线阴角或阳角起铺整砖。

(3)面砖规格相同时,面砖的缝隙应贯通,不应错缝。

(4)如果大面积区域内有柱体,可根据柱体位置定基准点,但是必须保证进户门位置铺整砖(除业主及图纸有其他要求外)。

(5)有预降的房间,例如卫生间、茶水间、阳台、洗衣房等,这些房间都需要做门槛石。

三、厨房、卫生间吊顶材料——铝扣板

铝扣板天花(见图3-146)施工内容及要求如下:

(1)施工顺序:安装吊杆→安装主龙骨→安装副龙骨→安装铝扣板龙骨→安装铝扣板。

(2)要预留检修口。

(3)要预留灯具、浴霸等的安装位置。

(4)要根据铝扣板的大小确定龙骨间距。

图3-146 铝扣板天花

铝扣板天花结构示意图见图 3-147、图 3-148。

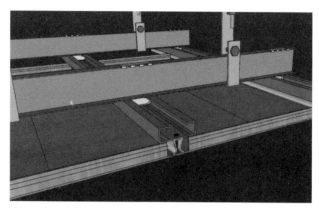

图 3-147　铝扣板天花结构示意图 1

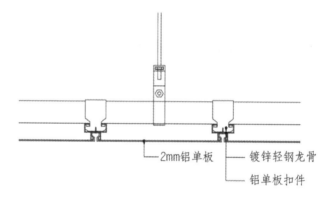

——2mm铝单板　——镀锌轻钢龙骨

——铝单板扣件

图 3-148　铝扣板天花结构示意图 2

● 作业 3-16

按任务书要求完成厨房、卫生间施工图（见附图 ZS-29 至 ZS-36），要求如下：

（1）图幅、比例使用正确。

（2）图层、图线使用正确。

（3）材料排布合理、美观。

（4）使用布局完成排版输出。

第六节　图册编辑

所有装饰专业图纸都要配备图纸封面、图纸说明、图纸目录、材料表等，汇集成册。

一、图面封面

图纸封面上须注明工程名称、图纸类别(施工图、竣工图、方案图)、制图日期等。

二、图纸目录

装饰专业图纸目录参照下列顺序编制:封面→图纸目录→装饰设计说明→主材料表→装饰图纸(平面、立面、剖面、公共节点等)。每张图纸须编制图名、图号、比例、时间,图名、图号需要与目录对应。

1.图纸命名

图纸命名中常用如下代号:

(1)总平面图——ZP。

(2)区域空间平面图——P。包括原始平面图、墙体定位图、平面布置图、家具尺寸图、地面铺装图、天花平面图、灯具平面图、立面索引图等。

(3)立面图——E。

(4)详图——D(包括剖面图、大样图)。

2.装饰图纸顺序

以楼层从下至上为排序原则,每个楼层图纸依次有:平面布置图→地面铺装图→墙体定位图→天花布置图→灯具定位图→立面索引图→区域平面布置图→区域天花布置图→区域立面索引图→立面图→详图。

注:如在总平面图中提供立面索引,无须使用区域立面索引图重复索引。

排序1:按照楼层总平面排序。例如:

一层平面布置图 1F-P-01;

一层墙体定位图 1F-P-02;

一层地面铺装图 1F-P-03;

一层天花布置图 1F-P-04;

一层灯具定位图 1F-P-05(如有区域平面部分,不需总平面灯具定位图);

一层立面索引图 1F-P-06;

……

排序2:按照区域空间排序。例如:

一层客厅平面及天花布置图 1F-PM01;

一层卫生间平面图 1F-PM02;

……

排序3:按照平面图中索引立面序号排序。例如:

一层 ×× 立面图 01、02,1F-E-01;

一层××立面图03、04,1F-E-02;

……

排序4:按照立面图中索引详图序号排序(注:详图部分根据图纸阶段而定)。例如:

一层××剖面大样图1F-D-01……

排序5:按照楼层总平面排序。例如:

二层平面布置图2F-P-01;

二层地材铺装图2F-P-02;

二层墙体定位图2F-P-03;

二层天花布置图2F-P-04;

二层强弱电布置图2F-P-05;

二层立面索引图2F-P-06;

……

三、图纸说明

图纸说明中须进一步说明工程概况、工程名称、建设单位、施工单位、设计单位或建筑设计单位等相关情况。例如:

1.设计依据:

·经业主批准的建筑设计施工图及业主向设计师传达的设计意向。

·《建筑内部装修设计防火规范》。

·《建筑装饰装修工程质量验收标准》。

·《民用建筑工程室内环境污染控制标准》。

·国家及地方现行有关规范、标准。

2.设计范围:

·本室内设计范围为××会议室部分。

3.标注单位及尺寸:

·本施工图所注尺寸除标高以米为单位外,其余均以毫米计。

·施工图中所表示的各部分内容,应以图纸所标注尺寸为准,避免在图纸上按比例测量,如有出入应及时与设计师联系解决。

4.设计师要求及相应规范:

·有关土建拆改部分,均与业主配合、洽谈及校核。

·室内施工设计方案报当地公安消防机关,审批认可后再施工。

·装饰材料的选用符合现有国家有关标准,根据消防部门关于建筑室内装修设计防火规定,选材严格,采用阻燃性良好的装饰材料,装饰木结构隐蔽部分刷防火涂料,做法工序应执行《建筑内部装修设计防火规范》。

·空调、消防报警、喷淋、排气、照明、弱电等位置设计均以专业设计为准,本施工图所配附件图仅供参考。图纸吊顶标高为装修完成实际高度。各专业隐蔽标高应高于吊顶标高 50 mm 以上。

5. 施工做法与选材要求：

· 本工程做法中，除图纸具体要求的面层外，对构造层来做具体要求时，严格遵守国家现行的《建筑装饰装修工程质量验收标准》有关要求。

· 本工程油漆除特殊注明外，均为硝基清漆。墙内填充岩棉，墙面刷环保乳胶漆，所有吊顶均为 60 系列吊顶龙骨。

· 所有主材的色彩、纹理选用均需经甲方工地代表确认。

· 电气开、关插座以平面图、天花平面图、立面灯具位置图为依据合理布线并以电气专业图为准，灯具、钥匙开关板距地 1.4 m，电话出线口、共用天线户盒、地脚灯以及单相两极、三级暗插座距地 0.3 m。

· 该项工程设计充分考虑消防分区、疏散通道、出口的设计以及防火材料的应用。

第七节　打印输出专项训练

图纸绘制完成后可进行打印输出，打印输出时打印设置、线宽、颜色等应准确。

开始画图时就应考虑到打印的需要，我们准备用多大纸张，就应相应进行打印比例设置以及打印字高、线宽、颜色设置。

要想正确地打印图形，不光是打印设置要正确，绘图时就要做好相关的设置。

AutoCAD 的打印对话框相对比较复杂，可以打印为二维纸质材料，也可以输出为图片、文档等。这里以打印输出为 JPG 格式的图片为例介绍打印的基本设置和常见的注意事项。

一、打印

在我们绘制完图纸后，我们就可以开始打印，打印要求各不相同，但基本操作步骤是一样的。

在"文件"下拉菜单当中选择"页面设置管理器"设置打印样式，如图 3-149 所示。

二、页面设置

在弹出的"页面设置管理器"面板中选择"新建"，在"新建页面设置"面板中输入"新页面设置名"，即"JPG"，如图 3-150 所示，单击"确定"按钮。

图 3-149　选择"页面设置管理器"　　图 3-150　输入"新页面设置名"

三、选择打印机 / 绘图仪

选择打印机 / 绘图仪，其实就是选择一种用于输出的打印驱动。

打印驱动分为两种：

一种是可以打印纸张的打印设备，包括小幅面的打印机和大幅面的绘图仪。这可以是直接装在系统的打印驱动，也可以是 AutoCAD 内置的驱动。

另一种是可以打印输出文件的虚拟打印驱动，例如用于输出 PDF、JPG、EPS、DWF 等各种格式的文件的驱动。

内置打印驱动和虚拟打印驱动可以在"文件"菜单中通过"绘图仪管理器"添加。

本例中在上一步操作后选择含"JPG.pc3"的打印机，如图 3-151 所示。

四、选择纸张

选择打印机后，下面的纸张列表就会更新为打印机支持的各种纸张，一般情况下在这个下拉列表中选取就好了。如果使用大幅面绘图仪，我们可以自己定义纸张尺寸，有些设计单位就打印过 15 m 甚至更长的图纸。

图纸适用纸张我们在画图之初就已经定好了，因为我们会根据打印纸张的大小选用对应的图框。有时在正式打印大幅面的图纸前也会用小打印机打印一张小尺寸的图纸检查一下图纸是否正确。

打印 JPG 图片对像素要求比较高，因此需要设置一个像素比较高的图纸尺寸。

点击打印机名称右侧的"特性"按钮，如图 3-152 所示；在弹出的绘图仪编辑器中点击"自定义图纸尺寸"，然后点击"添加"按钮，如图 3-153 所示；选择"创建新图纸"，如图 3-154 所示，点击"下一步"；输入像素尺寸（7015 像素 ×4961 像素为 A3 图纸），如图 3-155 所示，点击"下一步"完成设置。在图纸尺寸中选择新创建的图纸尺寸，如图 3-156 所示。

154

装饰施工图深化设计（第二版）

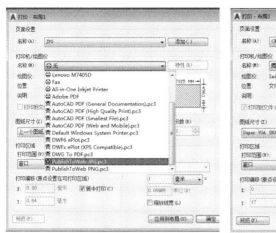
图 3-151　选择打印机

图 3-152　点击"特性"按钮

图 3-153　选择添加自定义图纸尺寸

图 3-154　选择"创建新图纸"

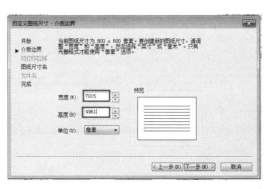

图 3-155　输入像素尺寸

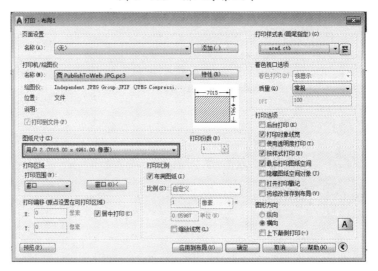

图 3-156　选择新创建的图纸尺寸

装饰施工图深化设计（第二版）

五、设置打印样式

如果对图形的输出颜色和线宽没有要求的话,纸张和比例设置合适后就可以打印了。

很多行业对打印颜色和线宽是有严格要求的,因此在绘图的时候我们就要根据需要设置不同的颜色或线宽值,然后再在打印对话框里通过打印样式表来设置输出的颜色和线宽。

在"打印样式表"下拉列表中选择打印样式。如单色打印可选择"Monochrome.ctb";如彩色打印可选择"acad.ctb";如果灰度打印可选择"grayscale.ctb"。这些预设的打印样式表只是定义了常规的输出颜色,如果我们对输出颜色没有特殊需要,在图中也通过图层或特性给图形设置好了打印线宽,选择好"打印样式表"后就可以直接打印了。

如果图中没有设置颜色,没有设置线宽,可以在打印样式表中设置每种颜色(255 种索引色)的输出线宽,设置完后点"保存并关闭"即可。

在本例中我们来进行设置。

(1)在"打印样式表"下拉列表中选择"新建",如图 3-157 所示。

(2)在弹出的"添加颜色相关打印样式表"中,选择"创建新打印样式表",如图 3-158 所示。输入文件名"打印样式",如图 3-159 所示,完成创建。

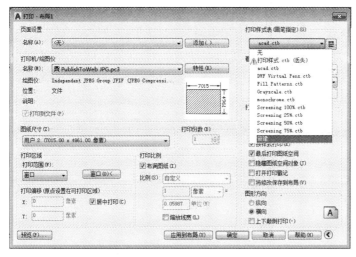

图 3-157　选择"新建"

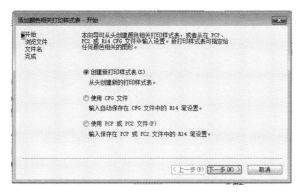

图 3-158　选择"创建新打印样式表"

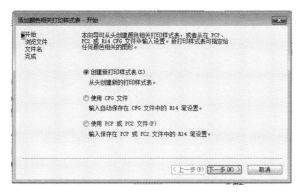

图 3-159　输入文件名

第三篇　专项实践教学篇

（3）选择新创建的"打印样式"，点击"编辑"按钮，如图 3-160 所示。

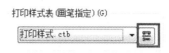

图 3-160　点击"编辑"按钮

（4）在弹出的"打印样式表编辑器"中，按键盘上的"Shift"键，选中所有的颜色，如图 3-161 所示；将特性颜色选择为黑色，线宽选择为"0.0500 毫米"，如图 3-162 所示；单独选择某一颜色调整线宽，如图 3-163 所示。对照表 3-5 所示的打印样式表中的设置要求一一进行调整，保存并关闭。

图 3-161　选中所有颜色

图 3-162　设置特性颜色与线宽　　图 3-163　单独调整某一颜色线宽

表 3-5　打印样式表

颜　色	线　宽		备　注
红色（1号）	中粗实线	0.2 mm	
黄色（2号）	中粗实线	0.25 mm	
绿色（3号）	中粗实线	0.2 mm	
青色（4号）	中粗实线	0.2 mm	
洋红（6号）	细实线	0.05 mm	淡显70%
白色（7号）	粗实线	0.35 mm	
灰色（8号）	细实线	0.1 mm	

六、设置打印区域

　　打印区域也就是我们要打印的图面区域，默认选项是"显示"，也就是打印当前图形窗口显示的内容。可以设置为"窗口"、"范围"（所有图形）、"图形界限"等范围。如果切换到布局的话，图形界限选项会变成"布局"。

　　"窗口"是用得比较多的打印方式，我们在下拉列表中选择"窗口"，打印对话框会关闭，命令行提示我们拾取打印范围的对角点，拾取完两点后会重新返回打印对话框，勾选"居中打印"及"布满图纸"，如图3-164所示，点击"确定"按钮完成页面设置。

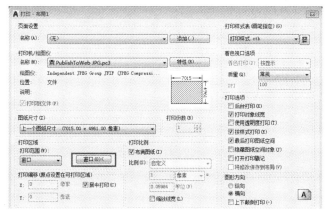

图 3-164　打印区域设置

七、打印

　　执行打印命令或按"Ctrl+P"键，选择新建的页面设置，点击"打印"按钮，根据提示选择保存路径，如图3-165所示，完成打印。

图 3-165　选择保存路径

德育链接

工匠精神

　　李克强总理在 2016 年政府工作报告中提到要"培育精益求精的工匠精神"并在 2021 年作国务院政府工作报告时强调"弘扬工匠精神"。工匠精神（craftsman's spirit）是指在制作或工作中追求精益求精的态度与品质,是职业道德、职业能力、职业品质的体现,是从业者的一种职业价值取向和行为表现。工匠精神对于个人,是指具有干一行、爱一行、专一行、精一行、务实肯干、坚持不懈、精雕细琢的敬业精神;对于企业,是指打造守专长、制精品、创技术、建标准、持之以恒、精益求精、开拓创新的企业文化;对于社会,是指形成讲合作、守契约、重诚信、促和谐、分工合作、协作共赢、完美向上的社会风气。

第四篇

拓展篇——编制装饰工程工程量清单列项训练

内容介绍

为了突出高等职业教育的特色，本篇内容重点是建筑装饰装修工程工程量清单编制以及配合某装饰施工图案例进行清单编制列项训练，从而将理论和实际案例有机结合在一起，通过该项训练将理论知识加以综合应用，达到掌握操作技能的目的。

知识目标

·了解建筑装饰装修工程工程量清单的概念及作用，熟悉建筑装饰装修工程工程量清单的内容。

·了解建筑装饰装修工程工程量清单的编制依据，熟悉建筑装饰装修工程工程量清单的编制原则，掌握分部分项工程工程量清单、措施项目清单、其他项目清单的编制方法。

·了解建筑装饰装修工程工程量计算基本原理及工程量计算方法。

·熟悉建筑装饰装修工程清单项目及相关规定，掌握建筑装饰装修工程计量方法。

技能目标

·能独立编制分部分项工程工程量清单及措施项目清单。

·能按正确的顺序进行分部分项工程工程量计算。

·能进行简单的建筑装饰装修工程计量。

劳动培养

培养勤俭、奋斗、创新、奉献的劳动精神，具备生存发展所需的劳动能力，以课内劳动教育内容强化劳动技能的学习，形成良好的劳动习惯，提高教育效果。

教学建议

采用案例教学方法，将理论教学与实践部分融合起来，学中做、做中学，加深学生对清单编制内容的认识和理解，结合学生实际情况，教学约 16 学时。

理 论 部 分

第一节 建筑装饰装修工程工程量清单的概念及编制

一、工程量及工程量计算

（一）工程量的概念和计量单位

工程量是以规定的物理计量单位或自然计量单位所表示的各个具体分项工

程或构配件的数量。

物理计量单位是指如长度单位 m、面积单位 m²、体积单位 m³、质量单位 kg 等的计量单位。

自然计量单位,一般是以物体的自然形态表示的计量单位,如套、组、台、件、个等。

(二)工程量计算的概念和意义

工程量计算指建设工程项目以工程设计图纸、施工组织设计或施工方案及有关技术经济文件为依据,按照相关工程国家标准的计算规则、计量单位等规定,进行工程数量的计算活动,在工程建设中简称工程计量。

工程量计算是定额计价时编制施工图预算、工程量清单计价时编制招标工程量清单的重要环节。工程量计算是否正确,直接影响工程预算造价及招标工程量清单的准确性,从而进一步影响发包人所编制的工程招标控制价及承包人所编制的投标报价的准确性。另外,在整个工程造价编制工作中,工程量计算所消耗的劳动量占整个工程造价编制工作量的 70% 左右。因此,在工程造价编制过程中,必须对工程量计算环节给予充分的重视。

工程量还是施工企业编制施工计划、组织劳动力和供应材料与机具的重要依据。因此,正确计算工程量,对工程建设各单位加强管理、正确确定工程造价具有重要的现实意义。

(三)工程量计算的一般原则

1.计算规则要一致

工程量计算必须与相关工程现行国家工程量计算规范规定的工程量计算规则相一致。现行国家工程量计算规范规定的工程量计算规则中对各分部分项工程的工程量计算规则做了具体规定,计算时必须严格按规定执行。例如,楼梯面层的工程量按设计图示尺寸以楼梯(包括踏步、休息平台及不大于 500 mm 的楼梯井)水平投影面积计算。

2.计算口径要一致

计算工程量时,根据施工图纸列出的工程项目的口径(指工程项目所包括的工作内容),必须与现行国家工程量计算规范规定的相应清单项目的口径相一致,即不能将清单项目中已包含的工作内容拿出来另列子目计算。

3.计量单位要一致

计算工程量时,所计算工程项目的工程量单位必须与现行国家工程量计算规范中相应清单项目的计量单位相一致。

在现行国家工程量计算规范的规定中,工程量的计量单位规定如下:

(1)以体积计算的,为立方米(m³)。

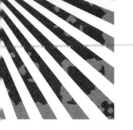

(2)以面积计算的,为平方米(m^2)。

(3)以长度计算的,为米(m)。

(4)以质量计算的,为吨或千克(t 或 kg)。

4.计算尺寸的取定要准确

计算工程量时,首先要对施工图尺寸进行核对,且各项目计算尺寸的取定要准确。

5.计算的顺序要统一

要遵循一定的顺序进行计算。计算工程量时要遵循一定的计算顺序,依次进行计算,这是避免发生漏算或重算的重要措施。

6.计算精确度要统一

工程量的数字计算要尽量精确,一般应精确到小数点后3位,汇总时,其精确度取值要达到如下要求:

(1)以 t 为单位,应保留小数点后 3 位数字,第 4 位四舍五入。

(2)以 m^3、m^2、m、kg 为单位,应保留小数点后 2 位数字,第 3 位四舍五入。

(3)以个、件、根、组等为单位,应取整数。

(四)工程量计算依据与方法

1.工程量计算依据

建筑装饰工程量计算除依据《房屋建筑与装饰工程工程量计算规范》(GB 50854—2013)外,还应依据以下文件:

(1)经审定通过的施工设计图纸及其说明。

(2)经审定通过的施工组织设计或施工方案。

(3)经审定通过的其他有关技术经济文件。

2.工程量计算方法

工程量计算通常有如下方法:

(1)按施工先后顺序计算工程量,即按工程施工顺序的先后来计算工程量。大型复杂工程应先划成区域,编成区号,分区计算。

(2)按现行国家工程量计算规范的分部分项顺序计算工程量。

(3)用统筹法计算工程量。

二、建筑装饰装修工程工程量清单的概念

建筑装饰装修工程工程量清单是表示建设工程的分部分项工程项目、措施项目、其他项目的名称和相应数量以及规费、税金项目等内容的明细清单,由招标人按照《房屋建筑与装饰工程工程量计算规范》(GB 50854—2013)附录中的

编码、项目名称、计量单位和工程量计算规则进行编制。工程量清单在建设工程发承包及实施过程的不同阶段,分别被称为招标工程量清单和已标价工程量清单等。

采用工程量清单方式招标,工程量清单必须作为招标文件的组成部分,其准确性和完整性由招标人负责。

(一)建筑装饰装修工程工程量清单的作用

建筑装饰装修工程工程量清单是工程量清单计价的基础,并作为编制招标控制价和投标报价、计算工程量、支付工程款、调整合同价款、办理竣工结算以及工程索赔等的依据之一。

(1)建筑装饰装修工程工程量清单由招标人统一提供,统一的工程量避免了由于计算不准确、项目不一致等人为因素造成的不公正影响,创造了一个公平的竞争环境。

(2)建筑装饰装修工程工程量清单是招标文件的组成部分,其作为信息的载体,为投标人提供信息,使其对工程有全面的了解。

(3)建筑装饰装修工程工程量清单是装饰工程造价确定的依据。

①建筑装饰装修工程工程量清单是编制招标控制价的依据。

②建筑装饰装修工程工程量清单是确定投标报价的依据。投标报价应根据招标文件中的工程量清单和有关要求、施工现场实际情况及拟定的施工方案或施工组织设计,依据企业定额和市场价格信息,或参照建设行政主管部门发布的社会平均消耗量定额进行编制。

③建筑装饰装修工程工程量清单是评标时的依据。

④建筑装饰装修工程工程量清单是甲、乙双方确定工程合同价款的依据。

(4)建筑装饰装修工程工程量清单是装饰工程造价控制的依据。

①建筑装饰装修工程工程量清单是计算装饰工程变更价款和追加合同价款的依据。在工程施工中,因设计变更或追加工程影响工程造价时,合同双方应根据工程量清单和合同其他约定调整合同价格。

②建筑装饰装修工程工程量清单是支付装饰工程进度款和竣工结算的依据。在施工过程中,发包人应按照合同约定和施工进度支付工程款,依据已完项目工程量和相应单价计算工程进度款。工程竣工验收通过后,承包人应依据工程量清单的约定及其他资料办理竣工结算。

③建筑装饰装修工程工程量清单是装饰工程索赔的依据。在合同履行过程中,对于并非自己的过错,而是由对方过错造成的实际损失,合同一方可向对方提出经济补偿和(或)工期顺延的要求,即索赔,工程量清单是合同文件的组成部分,因此,它是索赔的重要依据之一。

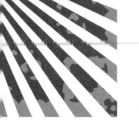

装饰施工图深化设计（第二版）

（二）建筑装饰装修工程工程量清单的内容

1. 建筑装饰装修工程工程量清单说明

建筑装饰装修工程工程量清单说明主要是招标人告知投标人拟招标工程的工程量清单的编制依据及作用(清单中的工程量仅仅作为招标控制价的基础,结算时的工程量应以招标人或由其授权委托的监理工程师核准的实际完成量为依据),提示投标申请人重视工程量清单,以及正确使用工程量清单。

2. 建筑装饰装修工程工程量清单表

建筑装饰装修工程工程量清单表是工程量清单的重要组成部分;合理的清单项目设置和准确的工程数量,是编制正确清单的前提和基础。对于招标人,建筑装饰装修工程工程量清单表是进行投资控制的前提和基础,建筑装饰装修工程工程量清单表编制的质量直接关系和影响到工程建设的最终结果。分部分项工程工程量和单价措施项目清单表格式见表 4-1。

表 4-1　分部分项工程工程量和单价措施项目清单表格式

序号	项目编码	项目名称	项目特征描述	计量单位	工程量

三、建筑装饰装修工程工程量清单编制

招标工程量清单应由招标人负责编制,招标人若不具有编制工程量清单的能力,则可根据《工程造价咨询企业管理办法》(建设部令第 149 号)的规定,委托具有工程造价咨询资质的工程造价咨询人编制。

招标工程量清单必须作为招标文件的组成部分,其准确性(数量不算错)和完整性(不缺项漏项)应由招标人负责。招标人应将工程量清单连同招标文件一起发售给投标人,投标人依据工程量清单进行投标报价时,对工程量清单不负有实的义务,更不具有修改和调整的权利。如招标人委托工程造价咨询人编制工程量清单,其责任仍由招标人负担。

（一）建筑装饰装修工程工程量清单的编制依据

(1)《建设工程工程量清单计价规范》和《房屋建筑与装饰工程工程量计算规范》。

(2)国家或省级、行业建设主管部门颁发的计价定额和办法。

(3)建设工程设计文件及相关资料。

(4)与建设工程有关的标准、规范、技术资料。

(5)拟定的招标文件。

(6)施工现场情况、地勘水文资料、工程特点及常规施工方案。

(二)建筑装饰装修工程工程量清单的编制原则

(1)符合"四个统一"要求。工程量清单编制必须符合"四个统一"的要求，即项目编码要统一、项目名称要统一、计量单位要统一、工程量计算规则要统一，并应满足方便管理、规范管理以及工程计价的要求。

(2)遵守有关的法律、法规以及招标文件的相关要求。工程量清单必须遵守《中华人民共和国民法典》及《中华人民共和国招标投标法》的要求。建筑装饰装修工程工程量清单是招标文件的核心，编制清单必须以招标文件为准则。

(3)工程量清单的编制依据应齐全。受委托的编制人首先要检查招标人提供的图纸、资料等编制依据是否齐全，必要的情况下还应到现场进行调查取证，力求工程量清单编制的依据齐全。

(4)工程量清单编制力求准确合理。工程量的计算应力求准确，清单项目的设置力求合理，不漏不重。还应建立健全工程量清单编制审查制度，确保工程量清单编制的全面性、准确性和合理性，提高清单编制质量和服务质量。

(三)建筑装饰装修工程工程量清单的编制方法

1.分部分项工程工程量清单编制

分部分项工程是分部工程与分项工程的总称。分部工程是单位工程的组成部分，按结构部位及施工特点或施工任务可将单位工程划分为若干分部工程。如房屋建筑与装饰工程可分为土石方工程、桩基工程、砌筑工程、混凝土及钢筋混凝土工程、门窗工程、楼地面装饰工程、天棚工程等分部工程。分项工程是分部工程的组成部分，是按不同施工方法、材料、工序等将分部工程划分为若干个分项或项目的工程。如天棚工程分为天棚抹灰、天棚吊顶、采光天棚、天棚其他装饰等分项工程。

分部分项工程项目清单必须载明项目编码、项目名称、项目特征、计量单位和工程量，这五个要件在分部分项工程项目清单的组成中缺一不可。分部分项工程项目清单必须根据各专业工程量规范规定的五个要件进行编制。分部分项和单价措施项目清单与计价表不只是编制招标工程量清单的用表，也是编制招标控制价、投标报价和竣工结算的基本用表。

1)项目编码确定

项目编码是指分项工程和措施项目工程量清单项目名称的阿拉伯数字标识的顺序码。工程量清单项目编码采用12位阿拉伯数字表示，1~9位应按《房屋建筑与装饰工程工程量计算规范》附录规定设置，10~12位应根据拟建工程的工程量清单项目名称设置，同一招标工程的项目编码不得有重码。各位数字的含义如下：

①第1、2位为专业工程代码。房屋建筑与装饰工程为01，仿古建筑为02，通用安装工程为03，市政工程为04，园林绿化工程为05，矿山工程为06，构筑物

167

工程为 07,城市轨道交通工程为 08,爆破工程为 09。

②第 3、4 位为专业工程附录分类顺序码。在《房屋建筑与装饰工程工程量计算规范》(GB 50854—2013)附录中,房屋建筑与装饰工程共分为 17 部分,其专业工程附录分类顺序码分别为:附录 A 规定土石方工程,附录分类顺序码为01;附录 B 规定地基处理与边坡支护工程,附录分类顺序码为 02;附录 C 规定桩基工程,附录分类顺序码为 03;附录 D 规定砌筑工程,附录分类顺序码为 04;附录 E 规定混凝土及钢筋混凝土工程,附录分类顺序码为 05;附录 F 规定金属结构工程,附录分类顺序码为 06;附录 G 规定木结构工程,附录分类顺序码为 07;附录 H 规定门窗工程,附录分类顺序码为 08;附录 J 规定屋面及防水工程,附录分类顺序码为 09;附录 K 规定保温、隔热、防腐工程,附录分类顺序码为 10;附录 L 规定楼地面装饰工程,附录分类顺序码为 11;附录 M 规定墙、柱面装饰与隔断、幕墙工程,附录分类顺序码为 12;附录 N 规定天棚工程,附录分类顺序码为 13;附录 P 规定油漆、涂料、裱糊工程,附录分类顺序码为 14;附录 Q 规定其他装饰工程,附录分类顺序码为 15;附录 R 规定拆除工程,附录分类顺序码为 16;附录 S 规定措施项目,附录分类顺序码为 17。

③第 5、6 位为分部工程顺序码。以大棚工程为例,在《房屋建筑与装饰工程工程量计算规范》(GB 50854—2013)附录 N 中,天棚工程共分为 4 部分,其分部工程顺序码分别为:天棚抹灰,分部工程顺序码为 01;天棚吊顶,分部工程顺序码为 02;采光天棚,分部工程顺序码为 03;天棚其他装饰,分部工程顺序码为 04。

④第 7 至 9 位为分项工程项目名称顺序码。以天棚工程中天棚吊顶为例,在《房屋建筑与装饰工程工程量计算规范》(GB 50854—2013)附录 N 中,天棚吊顶共分为 6 项,其分项工程项目名称顺序码分别为:吊顶天棚,001;格栅吊顶,002;吊筒吊顶,003;藤条造型悬挂吊顶,004;织物软雕吊顶,005;装饰网架吊顶,006。

⑤第 10 至 12 位为清单项目名称顺序码。以天棚工程天棚吊顶中吊筒吊顶为例,按《房屋建筑与装饰工程工程量计算规范》(GB 50854—2013)的有关规定,吊筒吊顶需描述的清单项目特征包括:吊筒形状、规格;吊筒材料种类;防护材料种类。清单编制人在对吊筒吊顶进行编码时,即可在全国统一 9 位编码"011302003"的基础上,根据不同的吊筒形状与规格、吊筒材料种类、防护材料种类等因素,对第 10 至 12 位编码自行设置,编制出清单项目名称顺序码 001、002、003 等。

2)项目名称确定

分部分项工程工程量清单的项目名称应按《房屋建筑与装饰工程工程量计算规范》(GB 50854—2013)附录的项目名称结合拟建工程的实际确定。

3)项目特征描述

项目特征是指构成分部分项工程项目、措施项目自身价值的本质特征,项目特征描述是对体现分部分项工程工程量清单、措施项目清单的特有属性和本质特征的描述。分部分项工程工程量清单的项目特征应按《房屋建筑与装饰工程工程量计算规范》(GB 50854—2013)附录中规定的项目特征,结合拟建工程项目的实际特征予以描述。

(1)项目特征描述的作用。

①项目特征是区分清单项目的依据。工程量清单项目特征用来表述分部分项工程工程量清单项目的实质内容,用于区分计价规范中同一清单条目下各个具体的清单项目。没有项目清单的准确描述,对于相同或相似的清单项目名称,就无从区分。

②项目特征是确定综合单价的前提。由于工程量清单项目的特征决定了工程实体的实质内容,必然直接决定了工程实体的自身价值,因此,工程量清单项目特征描述准确与否,直接关系到工程量清单项目综合单价确定的准确与否。

③项目特征是合同义务的基础。实行工程量清单计价,工程量清单及其综合单价是施工合同的组成部分,因此,如果工程量清单项目特征的描述不清甚至漏项、错误,导致在施工过程中更改,就会发生分歧,甚至引起纠纷。

(2)项目特征描述的要求。

为达到规范、简洁、准确、全面描述项目特征的要求,在描述工程量清单项目特征时应注意以下几点:

①涉及正确计量的内容必须描述。如 010802002 彩板门,当以樘为计量单位时,项目特征需要描述门洞口尺寸;当以 m² 为单位计量时,门洞口尺寸描述的意义不大,可不描述。

②涉及材质要求的内容必须描述。如油漆的品种,是调和漆还是硝基清漆等;管材的材质,是碳钢管还是塑钢管、不锈钢管等;混凝土构件中混凝土的种类,是清水混凝土还是彩色混凝土,是预拌(商品)混凝土还是现场搅拌混凝土。

③对计量计价没有实质影响的内容可以不描述;应由投标人根据施工方案确定的可以不描述;应由投标人根据当地材料和施工要求确定的可以不描述;应由施工措施解决的可以不描述。

④采用标准图集或施工图纸能够全部或部分满足项目特征描述要求的,项目特征描述可直接采用"详见 ×× 图集或 ×× 图号"的方式。

⑤注明由投标人根据施工现场实际自行考虑决定报价的,项目特征可不描述。

4)计量单位确定

分部分项工程工程量清单的计量单位应按《房屋建筑与装饰工程工程量计算规范》(GB 50854—2013)附录中规定的计量单位确定,规范中的计量单位均为基本单位,与定额中所采用的基本单位扩大一定的倍数不同。如质量以 t 或 kg 为单位,长度以 m 为单位,面积以 m² 为单位,体积以 m³ 为单位,自然计量的

以个、件、套、组、樘等为单位。当计量单位有两个或两个以上时,应根据所编工程量清单项目的特征要求,选择最适宜表现该项目特征并方便计量的单位。例如,门窗工程有樘和 m² 两个计量单位,实际工作中,就应该选择最适宜、最方便计量的单位来表示。

5) 工程数量确定

分部分项工程工程量清单中所列工程量应按《房屋建筑与装饰工程工程量计算规范》(GB 50854—2013)附录中规定的工程量计算规则计算。

6) 工作内容确定

工作内容是指为了完成分部分项工程项目或措施项目所需要发生的具体施工作业内容。《房屋建筑与装饰工程工程量计算规范》(GB 50854—2013)附录中给出的是一个清单项目所可能发生的工作内容,在确定综合单价时需要根据清单项目特征中的要求,或根据工程具体情况,或根据常规施工方案,从中选择其具体的施工作业内容。

7) 补充项目确定

随着工程建设中新材料、新技术、新工艺等的不断涌现,《房屋建筑与装饰工程工程量计算规范》(GB 50854—2013)附录所列的工程量清单项目不可能包含所有项目。在编制工程量清单时,若出现规范附录中未包括的清单项目,编制人应做补充,并报省级或行业工程造价管理机构备案,省级或行业工程造价管理机构应汇总报住房和城乡建设部标准定额研究所。

工程量清单项目的补充应涵盖项目编码、项目名称、项目描述、计量单位、工程量计算规则以及包含的工作内容,按《房屋建筑与装饰工程工程量计算规范》(GB 50854—2013)附录中相同的列表方式表述。

补充项目的编码由专业工程代码(工程量计算规范代码)与 B 和三位阿拉伯数字组成,并应从 ××B001 起顺序编制,同一招标工程的项目不得重码。

2. 措施项目清单编制

措施项目清单应根据拟建工程实际情况列项。措施项目清单的编制需考虑多种因素,除工程本身的因素外,还涉及水文、气象、环境、安全等因素。由于影响措施项目设置的因素太多,计量规范不可能将施工中可能出现的措施项目一一列出,在编制措施项目清单时,因工程情况不同,出现计量规范附录中未列的措施项目,可根据工程的具体情况对措施项目清单做补充。

措施项目费用的发生与使用时间、施工方法或两个以上的工序相关,并大都与实际完成的实体工程量的大小关系不大,如安全文明施工,夜间施工,非夜间施工照明,二次搬运,冬、雨期施工,地上地下设施,建筑物的临时保护设施,已完工程及设备保护等。措施项目清单中不能计算工程量的项目,以项为单位进行编制。

3. 其他项目清单编制

其他项目清单应按照如下顺序列项:①暂列金额;②暂估价,包括材料暂估单价、工程设备暂估单价、专业工程暂估价等;③计日工;④总承包服务费。

1) 暂列金额

暂列金额是招标人在工程量清单中暂定并包括在合同价款中的一笔款项。清单计价规范中明确规定,暂列金额是用于施工合同签订时尚未确定或者不可预见的所需材料、设备、服务的采购,施工中可能发生的工程变更、合同约定调整因素出现时的工程价款调整以及发生的索赔、现场签证确认等的费用。

2) 暂估价

暂估价是指招标阶段直至签订合同协议时,招标人在招标文件中提供的用于支付必然要发生但暂时不能确定价格的材料以及专业工程的金额。暂估价类似于FIDIC合同条款中的"Prime Cost Items",在招标阶段预见肯定要发生,只是因为标准不明确或者需要由专业承包人完成,暂时无法确定价格,暂估价数量和拟用项目应当结合工程量清单中的暂估价表予以充分说明。

3) 计日工

计日工是为了解决现场发生的零星工作的计价问题而设立的。国际上常见的标准合同条款中,大多数都设立了计日工计价机制。计日工对完成零星工作所消耗的人工工时、材料数量、施工机械台班进行计算,并按照计日工表中填报的适用项目的单价进行计价支付。计日工适用的所谓零星工作,一般是指合同约定之外或者因变更而产生的、工程量清单中没有相应项目的额外工作,尤其是那些时间不允许事先商定价格的额外工作。

4) 总承包服务费

总承包服务费是招标人在法律、法规允许的条件下进行专业工程发包以及自行供应材料、工程设备,需要总承包人对发包的专业工程提供协调和配合服务,对甲供材料、工程设备提供收、发和保管服务以及进行施工现场管理而发生并向总承包人支付的费用。招标人应预计该项费用,并按投标人的投标报价向投标人支付该项费用。

4. 规费、税金项目清单编制

根据住房和城乡建设部、财政部印发的《建筑安装工程费用项目组成》的规定,规费包括工程排污费、社会保险费(养老保险费、失业保险费、医疗保险费、工伤保险费、生育保险费)、住房公积金等。规费是政府和有关权力部门规定必须缴纳的费用,编制人对《建筑安装工程费用项目组成》未包括的规费项目,在编制规费项目清单时应根据省级政府或省级有关权力部门的规定列项。目前我国税法规定应计入建筑安装工程造价的税种包括增值税、城市维护建设税、教育费附加和地方教育附加。如国家税法发生变化,税务部门依据职权增加了税种,清单编制人应对税金项目清单进行修改。

第二节　楼地面装饰工程计量

一、整体面层及找平层

（一）整体面层及找平层清单项目及相关规定

1. 整体面层及找平层清单项目

《房屋建筑与装饰工程工程量计算规范》(GB 50854—2013)附录 L.1 介绍了整体面层及找平层的 6 个清单项目，各清单项目设置的具体内容见表 4-2。

2. 整体面层及找平层清单相关规定

(1)水泥砂浆面层处理是拉毛还是提浆压光，应在面层做法要求中描述。

(2)平面砂浆找平层只适用于仅做找平层的平面抹灰。

(3)楼地面混凝土垫层另按现浇混凝土基础中垫层项目编码列项，除混凝土外的其他材料垫层按砌筑工程中垫层项目编码列项。

（二）整体面层及找平层计量

整体面层及找平层包括水泥砂浆楼地面、现浇水磨石楼地面、细石混凝土楼地面、菱苦土楼地面、自流坪楼地面和平面砂浆找平层项目。水泥砂浆楼地面、现浇水磨石楼地面、细石混凝土楼地面、菱苦土楼地面、自流坪楼地面工程量按设计图示尺寸以面积计算，扣除凸出地面构筑物、设备基础、室内管道、地沟等所占面积，不扣除间壁墙(墙厚 ≤ 120 mm 的墙)及 ≤ 0.3 m² 柱、垛、附墙烟囱及孔洞所占面积。门洞、空圈、暖气包槽、壁龛的开口部分不增加面积。

二、块料面层

（一）块料面层清单项目及相关规定

1. 块料面层清单项目

《房屋建筑与装饰工程工程量计算规范》(GB 50854—2013)介绍了块料面层，共 3 个清单项目，各清单项目设置的具体内容见表 4-3。

2. 块料面层清单相关规定

(1)在描述碎石材项目的面层材料特征时可不用描述规格、颜色。

(2)石材、块料与粘结材料的结合面刷防渗材料的种类在防护层材料种类中描述。

(3)表 4-3 中磨边是指施工现场磨边。

表 4-2 整体面层及找平层清单项目设置

项目编码	项目名称	项目特征	计量单位	工程量计算规则	工作内容
011101001	水泥砂浆楼地面	1. 找平层厚度、砂浆配合比 2. 素水泥浆遍数 3. 面层厚度、砂浆配合比 4. 面层做法要求	m²	按设计图示尺寸以面积计算。扣除凸出地面构筑物、设备基础、室内铁道、地沟等所占面积，不扣除间壁墙及≤0.3 m²柱、垛、附墙烟囱及孔洞所占面积。门洞、空圈、暖气包槽、壁龛的开口部分不增加面积	1. 基层清理 2. 抹找平层 3. 抹面层 4. 材料运输
011101002	现浇水磨石楼地面	1. 找平层厚度、砂浆配合比 2. 面层厚度、水泥石子浆配合比 3. 嵌条材料种类、规格 4. 石子种类、规格、颜色 5. 颜料种类、颜色 6. 图案要求 7. 磨光、酸洗、打蜡要求			1. 基层清理 2. 抹找平层 3. 面层铺设 4. 嵌缝条安装 5. 磨光、酸洗、打蜡 6. 材料运输
011101003	细石混凝土楼地面	1. 找平层厚度、砂浆配合比 2. 面层厚度、混凝土强度等级			1. 基层清理 2. 抹找平层 3. 面层铺设 4. 材料运输
011101004	菱苦土楼地面	1. 找平层厚度、砂浆配合比 2. 面层厚度 3. 打蜡要求			1. 基层清理 2. 抹找平层 3. 面层铺设 4. 打蜡 5. 材料运输
011101005	自流坪楼地面	1. 找平层砂浆配合比、厚度 2. 界面剂材料种类 3. 中层漆材料种类、厚度 4. 面漆材料种类、厚度 5. 面层材料种类			1. 基层清理 2. 抹找平层 3. 涂界面剂 4. 涂刷中层漆 5. 打磨、吸尘 6. 馒自流平面漆(浆) 7. 拌合自流平浆料 8. 铺面层
011101006	平面砂浆找平层	找平层厚度、砂浆配合比		按设计图示尺寸以面积计算	1. 基层清理 2. 抹找平层 3. 材料运输

表4-3　块料面层清单项目设置

项目编码	项目名称	项目特征	计量单位	工程量计算规则	工作内容
011102001	石材楼地面	1. 找平层厚度、砂浆配合比 2. 结合层厚度、砂浆配合比 3. 面层材料品种、规格、颜色 4. 嵌缝材料种类 5. 防护层材料种类 6. 酸洗、打蜡要求	m²	按设计图示尺寸以面积计算。门洞、空圈、暖气包槽、壁龛的开口部分并入相应的工程量内	1. 基层清理 2. 抹找平层 3. 面层铺设、磨边 4. 嵌缝 5. 刷防护材料 6. 酸洗、打蜡 7. 材料运输
011102002	碎石材楼地面				
011102003	块料楼地面				

（二）块料面层计量

块料饰面工程中的主要材料就是表面装饰块料，一般都有特定规格，因此可以根据装饰面积和块料的单块面积，计算出块料数量。块料的用量可以按照实物计算法计算，即根据设计图纸计算出装饰面的面积，除以一块块料（包括拼缝）的面积，求得块料净用量，再考虑一定的损耗量，即可得出该种装饰块料的总用量。

块料面层包括石材楼地面、碎石材楼地面和块料楼地面项目。块料面层工程量按设计尺寸以面积计算。门洞、空圈、暖气包槽、壁龛的开口部分并入相应工程量内。

三、橡塑面层

《房屋建筑与装饰工程工程量计算规范》（GB 50854—2013）附录L.3介绍了橡塑面层，共4个清单项目，各清单项目设置的具体内容见表4-4。

表4-4　橡塑面层清单项目设置

项目编码	项目名称	项目特征	计量单位	工程量计算规则	工作内容
011103001	橡胶板楼地面	1. 粘结层厚度、材料种类 2. 面层材料品种、规格、颜色 3. 压线条种类	m²	按设计图示尺寸以面积计算。门洞、空圈、暖气包槽、壁龛的开口部分并入相应的工程量内	1. 基层清理 2. 面层铺贴 3. 压缝条装钉 4. 材料运输
011103002	橡胶板卷材楼地面				
011103003	塑料板楼地面				
011103004	塑料卷材楼地面				

橡塑面层项目中如涉及找平层,另按楼地面装饰工程找平层项目编码列项。

四、其他材料面层

《房屋建筑与装饰工程工程量计算规范》(GB 50854—2013)附录L.4介绍了其他材料面层,共4个清单项目,各清单项目设置的具体内容见表4-5。

表4-5 其他材料面层清单项目设置

项目编码	项目名称	项目特征	计量单位	工程量计算规则	工作内容
011104001	地毯楼地面	1.面层材料品种、规格、颜色 2.防护材料种类 3.粘结材料种类 4.压线条种类	m²	按设计图示尺寸以面积计算。门洞、空圈、暖气包槽、壁龛的开口部分并入相应的工程量内	1.基层清理 2.铺贴面层 3.刷防护材料 4.装钉压条 5.材料运输
011104002	竹、木(复合)地板	1.龙骨材料种类、规格、铺设间距 2.基层材料种类、规格 3.面层材料品种、规格、颜色 4.防护材料种类			1.基层清理 2.龙骨铺设 3.基层铺设 4.面层铺贴 5.刷防护材料 6.材料运输
011104003	金属复合地板				
011104004	防静电活动地板	1.支架高度、材料种类 2.面层材料品种、规格、颜色 3.防护材料种类			1.基层清理 2.固定支架加装 3.活动面层安装 4.刷防护材料 5.材料运输

五、踢脚线

(一)踢脚线清单项目

《房屋建筑与装饰工程工程量计算规范》(GB 50854—2013)附录L.5介绍了踢脚线,共7个清单项目,各清单项目设置的具体内容见表4-6。

(二)踢脚线工程计量

踢脚线包括水泥砂浆踢脚线、石材踢脚线、块料踢脚线、塑料板踢脚线、木质踢脚线、金属踢脚线和防静电踢脚线。踢脚线工程量按设计图示长度乘高度以面积计算或按延长米计算。

表 4-6 踢脚线清单项目设置

项目编码	项目名称	项目特征	计量单位	工程量计算规则	工作内容
011105001	水泥砂浆踢脚线	1. 踢脚线高度 2. 底层厚度、砂浆配合比 3. 面层厚度、砂浆配合比		1. 以平方米计量，按设计图示长度乘高度以面积计算 2. 以米计量，按延长米计算	1. 基层清理 2. 底层和面层抹灰 3. 材料运输
011105002	石材踢脚线	1. 踢脚线高度 2. 粘贴层厚度、材料种类 3. 面层材料种类、规格、颜色 4. 防护材料种类	1. m² 2. m		1. 基层清理 2. 底层抹灰 3. 面层铺贴、磨光 4. 擦缝 5. 磨光、酸洗、打蜡 6. 刷防护材料 7. 材料运输
011105003	块料踢脚线				
011105004	塑料板踢脚线	1. 踢脚线高度 2. 粘结层厚度、材料种类 3. 面层材料种类、规格、颜色			1. 基层清理 2. 基层铺贴 3. 面层铺贴 4. 材料运输
011105005	木质踢脚线	1. 踢脚线高度 2. 基层材料种类、规格、颜色 3. 面层材料品种、规格、颜色			
011105006	金属踢脚线				
011105007	防静电踢脚线				

注：石材、块料与粘结材料的结合面刷防渗材料的种类在防护材料种类中描述。

六、零星装饰项目

（一）零星装饰项目清单项目及相关规定

1. 零星装饰项目清单项目

《房屋建筑与装饰工程工程量计算规范》(GB 50854—2013)附录 L.8 介绍了零星装饰项目，共 4 个清单项目，各清单项目设置的具体内容见表 4-7。

2. 零星装饰项目清单相关规定

（1）楼梯、台阶牵边和侧面镶贴块料面层，不大于 0.5 m² 的少量分散的楼地面镶贴块料面层，应按零星装饰项目进行计算。

（2）石材、块料与粘结材料的结合面刷防渗材料的种类在防护材料种类中描述。

装饰施工图深化设计（第二版）

表 4-7　零星装饰项目清单项目设置

项目编码	项目名称	项目特征	计量单位	工程量计算规则	工作内容
011108001	石材零星项目	1. 工程部位 2. 找平层厚度、砂浆配合比 3. 贴结合层厚度、材料种类 4. 面层材料品种、规格、颜色 5. 勾缝材料种类 6. 防护材料种类 7. 酸洗、打蜡要求	m²	按设计图示尺寸以面积计算	1. 清理基层 2. 抹找平层 3. 面层铺贴、磨边 4. 勾缝 5. 刷防护材料 6. 酸洗、打蜡 7. 材料运输
011108002	拼碎石材零星项目				
011108003	块料零星项目				
011108004	水泥砂浆零星项目	1. 工程部位 2. 找平层厚度、砂浆配合比 3. 面层厚度、砂浆厚度			1. 清理基层 2. 抹找平层 3. 抹面层 4. 材料运输

(二)零星装饰项目计量

楼地面零星装饰项目是指楼地面中装饰面积小于等于 0.5 m² 的项目,如楼梯踏步的侧边、小便池、蹲台蹲脚、花池、独立柱的造型柱脚等。零星装饰项目包括石材零星项目、拼碎石材零星项目、块料零星项目和水泥砂浆零星项目。零星装饰项目工程量按设计图示尺寸以面积计算。

楼梯面层及台阶装饰等项目详见相关规范。

第三节　墙、柱面装饰与隔断、幕墙工程计量

一、墙面抹灰

(一)墙面抹灰清单项目及相关规定

1.墙面抹灰清单项目

《房屋建筑与装饰工程工程量计算规范》(GB 50854—2013)附录 M.1 介绍了墙面抹灰,共 4 个清单项目,各清单项目设置的具体内容见表 4-8。

表 4-8　墙面抹灰清单项目设置

项目编码	项目名称	项目特征	计量单位	工程量计算规则	工作内容
011201001	墙面一般抹灰	1.墙体类型 2.底层厚度、砂浆配合比 3.面层厚度、砂浆配合比	m²	按设计图示尺寸以面积计算。扣除墙裙、门窗洞口及单个 > 0.3 m² 的孔洞面积，不扣除踢脚线、挂镜线和墙与构件交接处的面积，门窗洞口和孔洞的侧壁及顶面不增加面积。附墙柱、梁、垛、烟囱侧壁并入相应的墙面面积内	1.基层清理 2.砂浆制作、运输 3.底层抹灰 4.抹面层 5.抹装饰面 6.勾分格缝
011201002	墙面装饰抹灰	4.装饰面材料种类 5.分格缝宽度、材料种类		1.外墙抹灰面积按外墙垂直投影面积计算 2.外墙裙抹灰面积按其长度乘以高度计算 3.内墙抹灰面积按主墙间的净长乘以高度计算	
011201003	墙面勾缝	1.勾缝类型 2.勾缝材料种类		(1)无墙裙的,高度按室内楼地面至天棚底面计算 (2)有墙裙的,高度按墙裙顶至天棚底面计算	1.基层清理 2.砂浆制作、运输 3.勾缝
011201004	立面砂浆找平层	1.基层类型 2.找平层砂浆厚度、配合比		(3)有吊顶天棚抹灰,高度算至天棚底 4.内墙裙抹灰面按内墙净长乘以高度计算	1.基层清理 2.砂浆制作、运输 3.抹灰找平

2.墙面抹灰清单相关规定

(1)立面砂浆找平层项目适用于仅做找平层的立面抹灰。

(2)墙面抹石灰砂浆、水泥砂浆、混合砂浆、聚合物水泥砂浆、麻刀石灰浆、石膏灰浆等按墙面一般抹灰列项;墙面水刷石、斩假石、干粘石、假面砖等按墙面装饰抹灰列项。

(3)飘窗凸出外墙面增加的抹灰并入外墙工程量内。

(4)有吊顶天棚的内墙面抹灰,抹至吊顶以上部分在综合单价中考虑。

（二）墙面抹灰工程量计算

内墙抹灰工程量的确定应考虑以下事项:

(1)内墙抹灰高度计算规定。

①无墙裙的,其高度按室内地面或楼面至天棚底面之间的距离计算。

②有墙裙的,其高度按墙裙顶至天棚底面之间的距离计算。

③钉板条天棚的内墙抹灰,其高度按室内地面或楼面至天棚底面另加100 mm计算。

(2)应扣除、不扣除及不增加面积。内墙抹灰应扣除门窗洞口和空圈所占面积。不扣除踢脚板、挂镜线、0.3 m² 以内的孔洞和墙与构件交界处的面积;洞口侧壁和顶面面积也不增加。

(3)应并入面积。附墙垛和附墙烟囱侧壁面积应与内墙抹灰工程量合并计算。

内墙裙抹灰面按内墙净长乘以高度计算。

二、柱(梁)面抹灰

(一)柱(梁)面抹灰清单项目及相关规定

1. 柱(梁)面抹灰清单项目

《房屋建筑与装饰工程工程量计算规范》(GB 50854—2013)附录 M.2 介绍了柱(梁)面抹灰,共 4 个清单项目,各清单项目设置的具体内容见表 4-9。

表 4-9　柱(梁)面抹灰清单项目设置

项目编码	项目名称	项目特征	计量单位	工程量计算规则	工 作 内 容
011202001	柱、梁面一般抹灰	1. 柱(梁)体类型 2. 底层厚度、砂浆配合比 3. 面层厚度、砂浆配合比 4. 装饰面材料种类 5. 分格缝宽度、材料种类	m²	1. 柱面抹灰:按设计图示柱断面周长乘高度以面积计算 2. 梁面抹灰:按设计图示梁断面周长乘长度以面积计算	1. 基层清理 2. 砂浆制作、运输 3. 底层抹灰 4. 抹面层 5. 勾分格缝
011202002	柱、梁面装饰抹灰				
011202003	柱、梁面砂浆找平	1. 柱(梁)体类型 2. 找平的砂浆厚度、配合比			1. 基层清理 2. 砂浆制作、运输 3. 抹灰找平
011202004	柱面勾缝	1. 勾缝类型 2. 勾缝材料种类		按设计图示柱断面周长乘高度以面积计算	1. 基层清理 2. 砂浆制作、运输 3. 勾缝

2. 柱(梁)面抹灰清单相关规定

(1)砂浆找平项目适用于仅做找平层的柱(梁)面抹灰。

(2)柱(梁)面抹石灰砂浆、水泥砂浆、混合砂浆、聚合物水泥砂浆、麻刀石灰浆、石膏灰浆等按柱(梁)面一般抹灰编码列项;柱(梁)面水刷石、斩假石、干粘

石、假面砖等按柱(梁)面装饰抹灰项目编码列项。

(二)柱(梁)面抹灰工程量计算

柱(梁)面抹灰包括柱、梁面一般抹灰,柱、梁面装饰抹灰,柱、梁面砂浆找平,以及柱面勾缝等项目。

(1)柱面一般抹灰、柱面装饰抹灰、柱面砂浆找平工程量按设计图示柱断面周长乘高度以面积计算。

(2)梁面一般抹灰、梁面装饰抹灰、梁面砂浆找平工程量按设计图示梁断面周长乘长度以面积计算。

(3)柱面勾缝工程量按设计图示柱断面周长乘高度以面积计算。

三、零星抹灰

(一)零星抹灰清单项目及相关规定

1.零星抹灰清单项目

《房屋建筑与装饰工程工程量计算规范》(GB 50854—2013)附录M.3介绍了零星抹灰,共3个清单项目,各清单项目设置的具体内容见表4-10。

表4-10 零星抹灰清单项目设置

项目编码	项目名称	项目特征	计量单位	工程量计算规则	工作内容
011203001	零星项目一般抹灰	1.基层类型、部位 2.底层厚度、砂浆配合比			1.基层清理 2.砂浆制作、运输 3.底层抹灰 4.抹面层 5.抹装饰面 6.勾分格缝
011203002	零星项目装饰抹灰	3.面层厚度、砂浆配合比 4.装饰面材料种类 5.分格缝宽度、材料种类	m²	按设计图示尺寸以面积计算	
011203003	零星项目砂浆找平	1.基层类型、部位 2.找平的砂浆厚度、配合比			1.基层清理 2.砂浆制作、运输 3.抹灰找平

2.零星抹灰清单相关规定

(1)零星项目抹石灰砂浆、水泥砂浆、混合砂浆、聚合物水泥砂浆、麻刀石灰浆、石膏灰浆等按零星项目一般抹灰编码列项;水刷石、斩假石、干粘石、假面砖等按零星项目装饰抹灰编码列项。

(2)墙、柱(梁)面 ≤ 0.5 m² 的少量分散的抹灰按零星抹灰项目编码列项。

(二)零星抹灰工程计量

零星抹灰工程量按设计图示尺寸以面积计算。

四、墙面块料面层

(一)墙面块料面层清单项目及相关规定

1.墙面块料面层清单项目

《房屋建筑与装饰工程工程量计算规范》(GB 50854—2013)附录 M.4 介绍了墙面块料面层,共 4 个清单项目,各清单项目设置的具体内容见表 4-11。

表 4-11　墙面块料面层清单项目设置

项目编码	项目名称	项目特征	计量单位	工程量计算规则	工 作 内 容
011204001	石材墙面	1.墙体类型 2.安装方式 3.面层材料品种、规格、颜色 4.缝宽、嵌缝材料种类 5.防护材料种类 6.磨光、酸洗、打蜡要求	m²	按镶贴表面积计算	1.基层清理 2.砂浆制作、运输 3.粘结层铺贴 4.面层安装 5.嵌缝 6.刷防护材料 7.磨光、酸洗、打蜡
011204002	拼碎石材墙面				
011204003	块料墙面				
011204004	干挂石材钢骨架	1.骨架种类、规格 2.防锈漆品种、遍数	t	按设计图示以质量计算	1.骨架制作、运输、安装 2.刷漆

2.墙面块料面层清单相关规定

(1)在描述碎块项目的面层材料特征时可不用描述规格、颜色。

(2)石材、块料与粘结材料的结合面刷防渗材料的种类在防护层材料种类中描述。

(3)安装方式可描述为砂浆或粘结剂粘贴、挂贴、干挂等,不论哪种安装方式,都要详细描述与组价相关的内容。

(二)墙面块料面层工程计量

墙面块料面层工程包括石材墙面、拼碎石材墙面、块料墙面和干挂石材钢骨

架项目。

(1)石材墙面、拼碎石材墙面、块料墙面工程量按镶贴表面积计算。

(2)干挂石材钢骨架工程量按设计图示以质量计算。

五、柱(梁)面镶贴块料

(一)柱(梁)面镶贴块料清单项目及相关规定

1.柱(梁)面镶贴块料清单项目

《房屋建筑与装饰工程工程量计算规范》(GB 50854—2013)附录 M.5 介绍了柱(梁)面镶贴块料,共 5 个清单项目,各清单项目设置的具体内容见表 4-12。

表 4-12　柱（梁）面镶贴块料清单项目设置

项目编码	项目名称	项目特征	计量单位	工程量计算规则	工作内容
011205001	石材柱面	1.柱截面类型、尺寸 2.安装方式 3.面层材料品种、规格、颜色 4.缝宽、嵌缝材料种类 5.防护材料种类 6.磨光、酸洗、打蜡要求	m²	按镶贴表面积计算	1.基层清理 2.砂浆制作、运输 3.粘结层铺贴 4.面层安装 5.嵌缝 6.刷防护材料 7.磨光、酸洗、打蜡
011205002	块料柱面				
011205003	拼碎块柱面				
011205004	石材梁面	1.安装方式 2.面层材料品种、规格、颜色 3.缝宽、嵌缝材料种类 4.防护材料种类 5.磨光、酸洗、打蜡要求			
011205005	块料梁面				

2.柱(梁)面镶贴块料清单相关规定

(1)在描述碎块项目的面层材料特征时可不用描述规格、颜色。

(2)石材、块料与粘结材料的结合面刷防渗材料的种类在防护层材料种类中描述。

(3)柱、梁面干挂石材的钢骨架按墙面块料面层相应项目编码列项。

(二)柱(梁)面镶贴块料工程计量

柱(梁)面镶贴块料工程包括石材柱面、块料柱面、拼碎块柱面、石材梁面和块料梁面项目。柱(梁)面镶贴块料工程量按镶贴表面积计算。

六、镶贴零星块料

(一)镶贴零星块料清单项目及相关规定

1. 镶贴零星块料清单项目

《房屋建筑与装饰工程工程量计算规范》(GB 50854—2013)附录 M.6 介绍了镶贴零星块料,共 3 个清单项目,各清单项目设置的具体内容见表 4-13。

表 4-13　镶贴零星块料清单项目设置

项目编码	项目名称	项目特征	计量单位	工程量计算规则	工作内容
011206001	石材零星项目	1. 基层类型、部位 2. 安装方式 3. 面层材料品种、规格、颜色 4. 缝宽、嵌缝材料种类 5. 防护材料种类 6. 磨光、酸洗、打蜡要求	m²	按镶贴表面积计算	1. 基层清理 2. 砂浆制作、运输 3. 面层安装 4. 嵌缝 5. 刷防护材料 6. 磨光、酸洗、打蜡
011206002	块料零星项目				
011206003	拼碎块零星项目				

2. 镶贴零星块料清单相关规定

(1)在描述碎块项目的面层材料特征时可不用描述规格、颜色。

(2)石材、块料与粘结材料的结合面刷防渗材料的种类在防护材料种类中描述。

(3)零星项目干挂石材的钢骨架按墙面块料面层相应项目编码列项。

(4)墙柱面 ≤ 0.5 m² 的少量分散的镶贴块料面层按零星项目执行。

(二)镶贴零星块料工程计量

镶贴零星块料项目包括石材零星项目、块料零星项目和拼碎块零星项目。石材零星项目是指小面积(0.5 m² 以内)少量分散的石材零星面层项目;块料零星项目是指小面积(0.5 m² 以内)少量分散的釉面砖面层、陶瓷锦砖面层等项目;拼碎块零星项目是指小面积(0.5 m² 以内)少量分散拼碎石材面层项目。镶贴零星块料工程量按镶贴表面积计算。

七、墙饰面

(一)墙饰面清单项目

《房屋建筑与装饰工程工程量计算规范》(GB 50854—2013)附录 M.7 介绍了墙饰面,共 2 个清单项目,各清单项目设置的具体内容见表 4-14。

表 4-14　墙饰面清单项目

项目编码	项目名称	项目特征	计量单位	工程量计算规则	工作内容
011207001	墙面装饰板	1. 龙骨材料种类、规格、中距 2. 隔离层材料种类、规格 3. 基层材料种类、规格 4. 面层材料品种、规格、颜色 5. 压条材料种类、规格	m²	按设计图示净长乘净高以面积计算。扣除门窗洞口及单个 > 0.3 m² 的孔洞所占面积	1. 基层清理 2. 龙骨制作、运输、安装 3. 钉隔离层基层铺钉 5. 面层铺贴
011207002	墙面装饰浮雕	1. 基层类型 2. 浮雕材料种类 3. 浮雕样式		按设计图示尺寸以面积计算	1. 基层清理 2. 材料制作、运输 3. 安装成型

（二）墙饰面工程计量

(1) 墙面装饰板工程量按设计图示墙净长乘净高以面积计算。扣除门窗洞口及单个 > 0.3 m² 的孔洞所占面积。

(2) 墙面装饰浮雕工程量按设计图示尺寸以面积计算。

八、柱（梁）饰面

（一）柱（梁）饰面清单项目

《房屋建筑与装饰工程工程量计算规范》(GB 50854—2013)附录 M.8 介绍了柱(梁)饰面,共 2 个清单项目,各清单项目设置的具体内容见表 4-15。

表 4-15　柱（梁）饰面清单项目设置

项目编码	项目名称	项目特征	计量单位	工程量计算规则	工作内容
011208001	柱（梁）面装饰	1. 龙骨材料种类、规格、中距 2. 隔离层材料种类 3. 基层材料种类、规格 4. 面层材料品种、规格、颜色 5. 压条材料种类、规格	m²	按设计图示饰面外围尺寸以面积计算。柱帽、柱墩并入相应柱饰面工程量内	1. 清理基层 2. 龙骨制作、运输、安装 3. 钉隔离层 4. 基层铺钉 5. 面层铺贴
011208002	成品装饰柱	1. 柱截面、高度尺寸 2. 柱材质	根或m	1. 以根计量,按设计数量计算 2. 以米计量,按设计长度计算	柱运输、固定、安装

(二)柱(梁)饰面工程计量

柱(梁)饰面工程包括柱(梁)面装饰和成品装饰柱项目。柱(梁)面装饰工程量按设计图示饰面外围尺寸以面积计算;柱帽、柱墩并入相应柱饰面工程量内。成品装饰柱按设计数量以根计算,或按设计长度以 m 计算。成品装饰柱项目特征描述时应注明柱截面、高度尺寸以及柱的材质。

九、隔断

(一)隔断清单项目

《房屋建筑与装饰工程工程量计算规范》(GB 50854—2013)附录 M.10 介绍了隔断,共 6 个清单项目,各清单项目设置的具体内容见表 4-16。

表 4-16 隔断清单项目设置

项目编码	项目名称	项目特征	计量单位	工程量计算规则	工作内容
011210001	木隔断	1. 骨架、边框材料种类、规格 2. 隔板材料品种、规格、颜色 3. 嵌缝、塞口材料品种 4. 压条材料种类	m²	按设计图示框外围尺寸以面积计算。不扣除单个 ≤ 0.3 m² 的孔洞所占面积;浴厕门的材质与隔断相同时,门的面积并入隔断面积内	1. 骨架及边框制作、运输、安装 2. 隔板制作、运输、安装 3. 嵌缝、塞口 4. 装钉压条
011210002	金属隔断	1. 骨架、边框材料种类、规格 2. 隔板材料品种、规格、颜色 3. 嵌缝、塞口材料品种			1. 骨架及边框制作、运输、安装 2. 隔板制作、运输、安装 3. 嵌缝、塞口
011210003	玻璃隔断	1. 边框材料种类、规格 2. 玻璃品种、规格、颜色 3. 嵌缝、塞口材料品种		按设计图示框外围尺寸以面积计算。不扣除单个 ≤ 0.3 m² 的孔洞所占面积	1. 边框制作、运输、安装 2. 玻璃制作、运输、安装 3. 嵌缝、塞口
011210004	塑料隔断	1. 边框材料种类、规格 2. 隔板材料品种、规格、颜色 3. 嵌缝、塞口材料品种			1. 骨架及边框制作、运输、安装 2. 隔板制作、运输、安装 3. 嵌缝、塞口

项目编码	项目名称	项目特征	计量单位	工程量计算规则	工作内容
011210005	成品隔断	1.隔断材料品种、规格、颜色 2.配件品种、规格	m² 或间	1.以平方米计量,按设计图示框外围尺寸以面积计算 2.以间计量,按设计间的数量计算	1.隔断运输、安装 2.嵌缝、塞口
011210006	其他隔断	1.骨架、边框材料种类、规格 2.隔板材料品种、规格、颜色 3.嵌缝、塞口材料品种	m²	按设计图示框外围尺寸以面积计算。不扣除单个 ≤ 0.3 m² 的孔洞所占面积	1.骨架及边框安装 2.隔板安装 3.嵌缝、塞口

(二)隔断工程计量

隔断包括木隔断、金属隔断、玻璃隔断、塑料隔断、成品隔断和其他隔断。

(1)木隔断、金属隔断工程量按设计图示框外围尺寸以面积计算。不扣除单个 ≤ 0.3 m² 的孔洞所占面积;浴厕门的材质与隔断相同时,门的面积并入隔断面积内。

(2)玻璃隔断、塑料隔断及其他隔断工程量按设计图示框外围尺寸以面积计算。不扣除单个 ≤ 0.3 m² 的孔洞所占面积。

(3)成品隔断工程量按设计图示框外围尺寸以面积计算或按设计间的数量计算。

第四节 天棚工程计量

一、天棚抹灰

(一)天棚抹灰清单项目

《房屋建筑与装饰工程工程量计算规范》(GB 50854—2013)附录 N.1 介绍了天棚抹灰,只有 1 个清单项目,清单项目设置的具体内容见表 4-17。

表4-17 天棚抹灰清单项目设置

项目编码	项目名称	项目特征	计量单位	工程量计算规则	工作内容
011301001	天棚抹灰	1. 基层类型 2. 抹灰厚度、材料种类 3. 砂浆配合比	m²	按设计图示尺寸以水平投影面积计算。不扣除间壁墙、垛、柱、附墙烟囱、检查口和管道所占的面积,带梁天棚的梁两侧抹灰面积并入天棚面积内,板式楼梯底面抹灰按斜面积计算,锯齿形楼梯底板抹灰按展开面积计算	1. 基层清理 2. 底层抹灰 3. 抹面层

（二）天棚抹灰工程计量

天棚抹灰工程量按设计图示尺寸以水平投影面积计算。不扣除间壁墙、垛、柱、附墙烟囱、检查口和管道所占的面积,带梁天棚的梁两侧抹灰面积并入天棚面积内,板式楼梯底面抹灰按斜面积计算,锯齿形楼梯底板抹灰按展开面积计算。

二、天棚吊顶

（一）天棚吊顶清单项目

《房屋建筑与装饰工程工程量计算规范》(GB 50854—2013)附录 N.2 介绍了天棚吊顶,共 6 个清单项目,各清单项目设置的具体内容见表4-18。

表4-18 天棚吊顶清单项目设置

项目编码	项目名称	项目特征	计量单位	工程量计算规则	工作内容
011302001	吊顶天棚	1. 吊顶形式、吊杆规格、高度 2. 龙骨材料种类、规格、中距 3. 基层材料种类、规格 4. 面层材料品种、规格 5. 压条材料种类、规格 6. 嵌缝材料种类 7. 防护材料种类	m²	按设计图示尺寸以水平投影面积计算。天棚面中的灯槽及跌级、锯齿形、吊挂式、藻井式天棚面积不展开计算。不扣除间壁墙、检查口、附墙烟囱、柱垛和管道所占面积,扣除单个 > 0.3 m² 的孔洞、独立柱及与天棚相连的窗帘盒所占的面积	1. 基层清理、吊杆安装 2. 龙骨安装 3. 基层板铺贴 4. 面层铺贴 5. 嵌缝 6. 刷防护材料

项目编码	项目名称	项目特征	计量单位	工程量计算规则	工作内容
011302002	格栅吊顶	1. 龙骨材料种类、规格、中距 2. 基层材料种类、规格 3. 面层材料品种、规格 4. 防护材料种类	m²	按设计图示尺寸以水平投影面积计算	1. 基层清理 2. 安装龙骨 3. 基层板铺贴 4. 面层铺贴 5. 刷防护材料
011302003	吊筒吊顶	1. 吊筒形状、规格 2. 吊筒材料种类 3. 防护材料种类			1. 基层清理 2. 吊筒制作安装 3. 刷防护材料
011302004	藤条造型悬挂吊顶	1. 骨架材料种类、规格 2. 面层材料品种、规格			1. 基层清理 2. 龙骨安装 3. 铺贴面层
011302005	织物软雕吊顶				
011302006	装饰网架吊顶	网架材料品种、规格			1. 基层清理 2. 网架制作安装

（二）天棚吊顶工程计量

天棚吊顶工程包括吊顶天棚、格栅吊顶、吊筒吊顶、藤条造型悬挂吊顶、织物软雕吊顶和装饰网架吊顶项目。

(1)吊顶天棚工程量按设计图示尺寸以水平投影面积计算。天棚面中的灯槽及跌级、锯齿形、吊挂式、藻井式天棚面积不展开计算。不扣除间壁墙、检查口、附墙烟囱、柱垛和管道所占面积,扣除单个 > 0.3 m² 的孔洞、独立柱及与天棚相连的窗帘盒所占的面积。

(2)格栅吊顶、吊筒吊顶、藤条造型悬挂吊顶、织物软雕吊顶、装饰网架吊顶工程量按设计图示尺寸以水平投影面积计算。

三、天棚其他装饰

《房屋建筑与装饰工程工程量计算规范》(GB 50854—2013)附录 N.4 介绍了天棚其他装饰,共 2 个清单项目,各清单项目设置的具体内容见表 4-19。

表 4-19　天棚其他装饰清单项目设置

项目编码	项目名称	项目特征	计量单位	工程量计算规则	工作内容
011304001	灯带（槽）	1.灯带形式、尺寸 2.格栅片材料品种、规格 3.安装固定方式	m²	按设计图示尺寸以框外围面积计算	安装、固定
011304002	送风口、回风口	1.风口材料品种、规格 2.安装固定方式 3.防护材料种类	个	按设计图示数量计算	1.安装、固定 2.刷防护材料

第五节　门窗工程计量

一、木门

（一）木门清单项目及相关规定

1.木门清单项目

《房屋建筑与装饰工程工程量计算规范》(GB 50854—2013)附录 H.1 介绍了木门,共 6 个清单项目,各清单项目设置的具体内容见表 4-20。

2.木门清单相关规定

(1)木质门应区分镶板木门、企口木板门、实木装饰门、胶合板门、夹板装饰门、木纱门、全玻门(带木质扇框)、木质半玻门(带木质扇框)等项目,分别编码列项。

(2)木门五金应包括折页、插销、门碰珠、弓背拉手、搭机、木螺栓、弹簧折页(自动门)、管子拉手(自由门、地弹门)、地弹簧(地弹门)、角铁、门轧头(地弹门、自由门)等。

(3)木质门带套计量按洞口尺寸以面积计算,不包括门套的面积,但门套应计算在综合单价中。

(4)以樘计量,项目特征必须描述洞口尺寸;以平方米计量,项目特征可不描述洞口尺寸。

(5)单独制作安装木门框按木门框项目编码列项。

表 4-20　木门清单项目设置

项目编码	项目名称	项目特征	计量单位	工程量计算规则	工作内容
010801001	木质门	1. 门代号及洞口尺寸 2. 镶嵌玻璃品种、厚度	樘或 m²	1. 以樘计量,按设计图示数量计算 2. 以平方米计量,按设计图示洞口尺寸以面积计算	1. 门安装 2. 玻璃安装 3. 五金安装
010801002	木质门带套				
010801003	木质连窗门				
010801004	木质防火门				
010801005	木门框	1. 门代号及洞口尺寸 2. 框截面尺寸 3. 防护材料种类	樘或 m	1. 以樘计量,按设计图示数量计算 2. 以米计量,按设计图示框的中心线以延长米计算	1. 木门框制作、安装 2. 运输 3. 刷防护材料
010801006	门锁安装	1. 锁品种 2. 锁规格	个(套)	按设计图示数量计算	安装

(二)木门工程计量

木门工程包括木质门、木质门带套、木质连窗门、木质防火门、木门框和门锁安装项目。

(1)木质门、木质门带套、木质连窗门、木质防火门工程量以樘计量或按设计图示洞口尺寸以面积计算。

(2)木门框工程量按设计图示数量计算或按设计图示框的中心线以延长米计算。木门框项目特征除了描述门代号及洞口尺寸、防护材料的种类,还需描述框截面尺寸。单独制作安装木门框按木门框项目编码列项。

(3)门锁安装工程量按设计图示数量计算。

二、其他门

其他门包括电子感应门、旋转门、电子对讲门、电动伸缩门等 7 个清单项目,其编码从 010805001 到 010805007。

三、窗台板

(一)窗台板清单项目

《房屋建筑与装饰工程工程量计算规范》(GB 50854—2013)附录 H.9 介绍了窗台板,共 4 个清单项目,各清单项目设置的具体内容见表 4-21。

表4-21 窗台板清单项目设置

项目编码	项目名称	项目特征	计量单位	工程量计算规则	工作内容
010809001	木窗台板	1. 基层材料种类 2. 窗台面板材质、规格、颜色 3. 防护材料种类	m²	按设计图示尺寸以展开面积计算	1. 基层清理 2. 基层制作、安装 3. 窗台板制作、安装 4. 刷防护材料
010809002	铝塑窗台板				
010809003	金属窗台板				
010809004	石材窗台板	1. 粘结层厚度、砂浆配合比 2. 窗台板材质、规格、颜色			1. 基层清理 2. 抹找平层 3. 窗台板制作、安装

（二）窗台板工程计量

窗台板包括木窗台板、铝塑窗台板、金属窗台板和石材窗台板。窗台板工程量按设计图示尺寸以展开面积计算。

四、窗帘、窗帘盒、轨

（一）窗帘、窗帘盒、轨清单项目及相关规定

1. 窗帘、窗帘盒、轨清单项目

《房屋建筑与装饰工程工程量计算规范》(GB 50854—2013)附录 H.10 介绍了窗帘、窗帘盒、轨，共5个清单项目，各清单项目设置的具体内容见表4-22。

表4-22 窗帘、窗帘盒、轨清单项目设置

项目编码	项目名称	项目特征	计量单位	工程量计算规则	工作内容
010810001	窗帘	1. 窗帘材质 2. 窗帘高度、宽度 3. 窗帘层数 4. 带幔要求	m 或 m²	1. 以米计量，按设计图示尺寸以成活后长度计算 2. 以平方米计量，按设计图示尺寸以成活后展开面积计算	1. 制作、运输 2. 安装
010810002	木窗帘盒	1. 窗帘盒材质、规格 2. 防护材料种类	m	按设计图示尺寸以长度计算	1. 制作、运输、安装 2. 刷防护材料
010810003	饰面夹板、塑料窗帘盒				
010810004	铝合金窗帘盒				
010810005	窗帘轨	1. 窗帘轨材质、规格 2. 轨的数量 3. 防护材料种类			

第四篇 拓展篇——编制装饰工程工程量清单列项训练

2. 窗帘、窗帘盒、轨清单相关规定

(1) 窗帘若是双层，项目特征必须描述每层材质。

(2) 窗帘以米计量，项目特征必须描述窗帘高度和宽度。

（二）窗帘、窗帘盒、轨工程计量

(1) 窗帘工程量按设计图示尺寸以成活后长度计算或按图示尺寸以成活后展开面积计算。

(2) 窗帘盒、轨工程量按设计图示尺寸以长度计算。

第六节　油漆、涂料、裱糊工程计量

油漆、涂料、裱糊工程包括门油漆，窗油漆，木扶手及其他板条、线条油漆，木材面油漆，金属面油漆，抹灰面油漆，喷刷涂料，以及裱糊等工程项目。

一、喷刷涂料

《房屋建筑与装饰工程工程量计算规范》(GB 50854—2013) 附录 P.7 介绍了喷刷涂料，共 6 个清单项目，各清单项目设置的具体内容见表 4-23。

表 4-23　喷刷涂料清单项目设置

项目编码	项目名称	项目特征	计量单位	工程量计算规则	工作内容
011407001	墙面喷刷涂料	1. 基层类型 2. 喷刷涂料部位 3. 腻子种类 4. 刮腻子要求 5. 涂料品种、喷刷遍数	m²	按设计图示尺寸以面积计算	1. 基层清理 2. 刮腻子 3. 刷、喷涂料
011407002	天棚喷刷涂料				
011407003	空花格、栏杆刷涂料	1. 腻子种类 2. 刮腻子遍数 3. 涂料品种、喷刷遍数		按设计图示尺寸以单面外围面积计算	
011407004	线条刷涂料	1. 基层清理 2. 线条宽度 3. 刮腻子遍数 4. 刷防护材料、油漆	m	按设计图示尺寸以长度计算	

项目编码	项目名称	项目特征	计量单位	工程量计算规则	工作内容
011407005	金属构件刷防火涂料	1.喷刷防火涂料构件名称 2.防火等级要求 3.涂料品种、喷刷遍数	t 或 m²	1.以吨计量,按设计图示尺寸以质量计算 2.以平方米计量,按设计展开面积计算	1.基层清理 2.刷防护材料、油漆
011407006	木材构件喷刷防火涂料		m²	以平方米计量,按设计图示尺寸以面积计算	1.基层清理 2.刷防火涂料

二、裱糊

(一)裱糊清单项目

《房屋建筑与装饰工程工程量计算规范》(GB 50854—2013)附录 P.8 介绍了裱糊,共 2 个清单项目,各清单项目设置的具体内容见表 4-24。

表 4-24　裱糊清单项目设置

项目编码	项目名称	项目特征	计量单位	工程量计算规则	工作内容
011408001	墙纸裱糊	1.基层类型 2.裱糊部位 3.腻子种类 4.刮腻子遍数 5.粘结材料种类 6.防护材料种类 7.面层材料品种、规格、颜色	m²	按设计图示尺寸以面积计算	1.基层清理 2.刮腻子 3.面层铺粘 4.刷防护材料
011408002	织锦缎裱糊				

(二)裱糊工程计量

裱糊包括墙纸裱糊和织锦缎裱糊,工程量按设计图示尺寸以面积计算。

第七节　其他装饰工程计量

一、柜类、货架

(一)柜类、货架清单项目

《房屋建筑与装饰工程工程量计算规范》(GB 50854—2013)附录 Q.1 介绍了柜类、货架,共 20 个清单项目,各清单项目设置的具体内容见表 4-25。

表 4-25　柜类、货架清单项目设置

项目编码	项目名称	项目特征	计量单位	工程量计算规则	工作内容
011501001	柜台	1.台柜规格 2.材料种类、规格 3.五金种类、规格 4.防护材料种类 5.油漆品种、刷漆遍数	1.个 2. m² 3. m³	1.以个计量,按设计图示数量计算 2.以米计量,按设计图示尺寸以延长米计算 3.以立方米计量,按设计图示尺寸以体积计算	1.台柜制作、运输、安装(安放) 2.刷防护材料、油漆 3.五金件安装
011501002	酒柜				
011501003	衣柜				
011501004	存包柜				
011501005	鞋柜				
011501006	书柜				
011501007	厨房壁柜				
011501008	木壁柜				
011501009	厨房低柜				
011501010	厨房吊柜				
011501011	矮柜				
011501012	吧台背柜				
011501013	酒吧吊柜				
011501014	酒吧台				
011501015	展台				
011501016	收银台				
011501017	试衣间				
011501018	货架				
011501019	书架				
011501020	服务台				

(二)柜类、货架工程计量

柜类、货架工程包括柜台、酒柜、衣柜、存包柜、鞋柜、书柜、厨房壁柜,按序填入表 4-25 中木壁柜、厨房低柜、厨房吊柜、矮柜、吧台背柜、酒吧吊柜、酒吧台、展台、收银台、试衣间、货架、书架和服务台项目。柜类、货架工程量可按设计图示数量计算,也可按设计图示尺寸以体积计算。

二、压条、装饰线

(一)压条、装饰线清单项目

《房屋建筑与装饰工程工程量计算规范》(GB 50854—2013)附录 Q.2 介绍了压条、装饰线,共 8 个清单项目,各清单项目设置的具体内容见表 4-26。

表 4-26　压条、装饰线清单项目设置

项目编码	项目名称	项目特征	计量单位	工程量计算规则	工作内容
011502001	金属装饰线	1. 基层类型 2. 线条材料品种、规格、颜色 3. 防护材料种类	m	按设计图示尺寸以长度计算	1. 线条制作、安装 2. 刷防护材料
011502002	木质装饰线				
011502003	石材装饰线				
011502004	石膏装饰线				
011502005	镜面玻璃线	1. 基层类型 2. 线条材料品种、规格、颜色 3. 防护材料种类			
011502006	铝塑装饰线				
011502007	塑料装饰线				
011502008	GRC 装饰线条	1. 基层类型 2. 线条规格 3. 线条安装部位 4. 填充材料种类			线条制作、安装

(二)压条、装饰线工程计量

压条、装饰线包括金属装饰线、木质装饰线、石材装饰线、石膏装饰线、镜面玻璃线、铝塑装饰线、塑料装饰线和 GRC 装饰线条。压条、装饰线工程量按设计图示尺寸以长度计算。

三、扶手、栏杆、栏板装饰

(一)扶手、栏杆、栏板装饰清单项目

《房屋建筑与装饰工程工程量计算规范》(GB 50854—2013)附录 Q.3 介绍了扶手、栏杆、栏板装饰,共 8 个清单项目,各清单项目设置的具体内容见表 4-27。

表 4-27　扶手、栏杆、栏板装饰清单项目设置

项目编码	项目名称	项目特征	计量单位	工程量计算规则	工作内容
011503001	金属扶手、栏杆、栏板	1. 扶手材料种类、规格 2. 栏杆材料种类、规格 3. 栏板材料种类、规格、颜色 4. 固定配件种类 5. 防护材料种类	m	按设计图示以扶手中心线长度(包括弯头长度)计算	1. 制作 2. 运输 3. 安装 4. 刷防护材料
011503002	硬木扶手、栏杆、栏板				
011503003	塑料扶手、栏杆、栏板				
011503004	GRC 栏杆、扶手	1. 栏杆的规格 2. 安装间距 3. 扶手类型、规格 4. 填充材料种类			
011503005	金属靠墙扶手	1. 扶手材料种类、规格 2. 固定配件种类 3. 防护材料种类			
011503006	硬木靠墙扶手				
011503007	塑料靠墙扶手				
011503008	玻璃栏板	1. 栏杆玻璃的种类、规格、颜色 2. 固定方式 3. 固定配件种类			

（二）扶手、栏杆、栏板装饰工程计量

扶手、栏杆、栏板装饰包括金属扶手、栏杆、栏板，硬木扶手、栏杆、栏板，塑料扶手、栏杆、栏板，GRC 栏杆、扶手，金属靠墙扶手，硬木靠墙扶手，塑料靠墙扶手，以及玻璃栏板。扶手、栏杆、栏板装饰工程量按设计图示以扶手中心线长度（包括弯头长度）计算。

四、浴厕配件

（一）浴厕配件清单项目

《房屋建筑与装饰工程工程量计算规范》（GB 50854—2013）附录 Q.5 介绍了浴厕配件，共 11 个清单项目，各清单项目设置的具体内容见表 4-28。

表 4-28　浴厕配件清单项目设置

项目编码	项目名称	项目特征	计量单位	工程量计算规则	工作内容
011505001	洗漱台	1. 材料品种、规格、颜色 2. 支架、配件品种、规格	m² 或个	1. 按设计图示尺寸以台面外接矩形面积计算。不扣除孔洞、挖弯、削角所占面积,挡板、吊沿板面积并入台面面积内 2. 按设计图示数量计算	1. 台面及支架运输、安装 2. 杆、环、盒、配件安装 3. 刷油漆
011505002	晒衣架		个	按设计图示数量计算	
011505003	帘子杆				
011505004	浴缸拉手				
011505005	卫生间扶手				
011505006	毛巾杆(架)		套		1. 台面及支架制作、运输、安装 2. 杆、环、盒、配件安装 3. 刷油漆
011505007	毛巾环		副		
011505008	卫生纸盒		个		
011505009	肥皂盒				
011505010	镜面玻璃	1. 镜面玻璃品种、规格 2. 框材质、断面尺寸 3. 基层材料种类 4. 防护材料种类	m²	按设计图示尺寸以边框外围面积计算	1. 基层安装 2. 玻璃及框制作、运输、安装
011505011	镜箱	1. 箱体材质、规格 2. 玻璃品种、规格 3. 基层材料种类 4. 防护材料种类 5. 油漆品种、刷漆遍数	个	按设计图示数量计算	1. 基层安装 2. 箱体制作、运输、安装 3. 玻璃安装 4. 刷防护材料、油漆

（二）浴厕配件工程计量

浴厕配件工程包括洗漱台、晒衣架、帘子杆、浴缸拉手、卫生间扶手、毛巾杆（架）、毛巾环、卫生纸盒、肥皂盒、镜面玻璃、镜箱等项目。

（1）洗漱台工程量按设计图示尺寸以台面外接矩形面积计算，不扣除孔洞、挖弯、削角所占面积，挡板、吊沿板面积并入台面面积内；或按设计图示数量计算。

（2）镜面玻璃工程量按设计图示尺寸以边框外围面积计算。

（3）晒衣架、帘子杆、浴缸拉手、卫生间扶手、卫生纸盒、肥皂盒、镜箱工程量以个为单位，毛巾杆（架）以套为单位，浴厕其他配件工程量按设计图示数量计算。

第八节　措施项目工程计量

一、脚手架工程

为了保证施工安全和操作的方便，采用钢管（外径为 48 mm，壁厚 3.5 mm）、杉木杆或直径为 75～90 mm 的竹竿，搭设的一种供建筑工人脚踏手攀、堆置或运输材料的架子，称为脚手架，常由立杆、横杆、上料平台斜坡道、防风拉杆及安全网等组成。

脚手架工程包含综合脚手架、外脚手架、里脚手架、悬空脚手架、挑脚手架、满堂脚手架、整体提升架、外装饰吊篮 8 个项目。

二、混凝土模板及支架（撑）

混凝土模板及支架（撑）项目，只适用于单列而且以平方米计量的项目。混凝土模板及支架（撑）若不单列且以立方米计量，按混凝土及钢筋混凝土实体项目执行，其综合单价中应包括模板及支架（撑）。

三、垂直运输（项目编码：011703001）

1. 工程量计算

（1）按建筑面积计算。

（2）按施工工期日历天数计算。

2. 项目特征描述

应描述建筑物建筑类型及结构形式、地下室建筑面积、建筑物檐口高度及层数。

3. 工作内容

包含垂直运输机械的固定装置、基础制作、安装,以及行走式垂直运输机械轨道的铺设、拆除、摊销。

四、超高施工增加(项目编码:011704001)

1. 工程量计算

按建筑物超高部分的建筑面积计算。

2. 项目特征描述

应描述建筑物建筑类型及结构形式,建筑物檐口高度及层数,以及单层建筑物檐口高度超过 20 m、多层建筑物超过 6 层部分的建筑面积。

3. 工作内容

包含建筑物超高引起的人工功效降低及由于人工功效降低引起的机械降效,高层施工用水加压水泵的安装、拆除及工作台班,以及通信联络设备的使用及摊销。

五、安全文明施工及其他措施项目

安全文明施工及其他措施项目工程量清单项目设置、工作内容及包含范围见表 4-29。

表 4-29　安全文明施工及其他措施项目清单项目设置

项目编码	项目名称	工作内容及包含范围
011707001	安全文明施工	1. 环境保护:现场施工机械设备降低噪声、防扰民措施;水泥和其他易飞扬细颗粒建筑材料密闭存放或采取覆盖措施等;工程防扬尘洒水;土石方、建渣外运车辆防护措施等;现场污染源的控制、生活垃圾清理外运、场地排水排污措施;其他环境保护措施 2. 文明施工:"五牌一图";现场围挡的墙面美化(包括内外粉刷、刷白、标语等)、压顶装饰;现场厕所便槽刷白、贴墙砖,水泥砂浆地面或地砖,建筑物内临时便溺设施;其他施工现场临时设施的装饰装修、美化措施;现场生活卫生设施;符合卫生要求的饮水设备、淋浴、消毒等设施;生活用洁净燃料;防煤气中毒、防蚊虫叮咬等措施;施工现场操作场地的硬化;现场绿化、治安综合治理;现场配备医药保健器材、物品和急救人员培训;用于现场工人的防暑降温、电风扇、空调等设备及用电;其他文明施工措施

装饰施工图深化设计（第二版）

项目编码	项目名称	工作内容及包含范围
011707001	安全文明施工	3.安全施工：安全资料、特殊作业专项方案的编制，安全施工标志的购置及安全宣传；"三宝"（安全帽、安全带、安全网）、"四口"（楼梯口、电梯井口、通道口、预留洞口）、"五临边"（阳台围边、楼板围边、屋面围边、槽坑围边、卸料平台两侧），水平防护架、垂直防护架、外架封闭等防护；施工安全用电，包括配电箱三级配电、两级保护装置要求、外电防护措施；起重机、塔吊等起重设备（含井架、门架）及外用电梯的安全防护措施（含警示标志）及卸料平台的临边防护、层间安全门、防护棚等设施；建筑工地起重机械的检验检测；施工机具防护棚及其围栏的安全保护设施；施工安全防护通道；工人的安全防护用品、用具购置；消防设施与消防器材的配置；电气保护、安全照明设施；其他安全防护措施 4.临时设施：施工现场采用彩色、定型钢板，砖、混凝土砌块等围挡的安砌、维修、拆除；施工现场临时建筑物、构筑物的搭设、维修、拆除，如临时宿舍、办公室、食堂、厨房、厕所、诊疗所、临时文化福利用房、临时仓库、加工场、搅拌台、临时简易水塔、水池等；施工现场临时设施的搭设、维修、拆除，如临时供水管道、临时供电管线、小型临时设施等；施工现场规定范围内临时简易道路铺设，临时排水沟、排水设施安砌、维修、拆除；其他临时设施搭设、维修、拆除
011707002	夜间施工	1.夜间固定照明灯具和临时可移动照明灯具设置、拆除 2.夜间施工时，施工现场交通标志、安全标牌、警示灯等的设置、移动、拆除 3.包括夜间照明设备及照明用电、施工人员夜班补助、夜间施工劳动效率降低等
011707003	非夜间施工照明	为保证工程施工正常进行，在地下室等特殊施工部位施工时所采用的照明设备的安拆、维护及照明用电等
011707004	二次搬运	由于施工现场条件限制而发生的材料、成品、半成品等一次运输不能到达堆放地点，必须进行的二次或多次搬运
011707005	冬雨季施工	1.冬雨（风）季施工时增加的临时设施（防寒保温、防雨、防风设施）的搭设、拆除 2.冬雨（风）季施工时，对砌体、混凝土等采用的特殊加温、保温和养护措施 3.冬雨（风）季施工时，施工现场的防滑处理、对影响施工的雨雪的清除 4.包括冬雨（风）季施工时增加的临时设施、施工人员的劳动保护用品、冬雨（风）季施工劳动效率降低等
011707006	地上、地下设施、建筑物的临时保护设施	在工程施工过程中，对已建成的地上、地下设施和建筑物进行遮盖、封闭、隔离等必要的保护措施
011707007	已完工程及设备保护	对已完工程及设备采取的覆盖、包裹、封闭、隔离等必要保护措施

实操模拟训练部分

一、任务：建筑装饰工程工程量清单编制

(1)根据第三篇"专项实践教学篇"提供的装饰施工图纸,编制室内的分部分项工程工程量清单和单价措施项目清单(只计算脚手架)。

(2)编制依据:

①《建设工程工程量清单计价规范》(GB 50500—2013)。

②《房屋建筑与装饰工程工程量计算规范》(GB 50854—2013)。

③实际项目装饰施工图纸。

(3)上机完成。

按照提供的表格格式填写并计算相关内容。

(4)上交资料:分部分项工程项目和单价措施项目清单。

(5)说明:

①根据设计施工图纸编制室内装饰清单;

②壁纸、乳胶漆、油漆按照常规做法编制;

③所有建筑安装部分不计算;

④饰面板装饰表面的防护(如油漆、乳胶漆等)单独列清单项目。

二、装饰工程清单列项

所列装饰工程工程量清单(部分)见表 4-30。

表 4-30 装饰工程工程量清单（部分）

项目编码	项目名称	项目特征	单位	备 注
一、楼地面装饰工程				
011104002001	1.实木复合地板地面	1.木龙骨基层防火防腐处理 2.木工板基层防火防腐处理 3.实木复合地板面层 4.具体做法详见施工图纸 5.成品保护	m^2	常用于如卧室、书房等室内空间
011105005001	2.木踢脚线	1.踢脚高度 $H=100$ mm 2.木基层防火防腐 3.实木踢脚线(刷开放漆) 4.其他详见施工图纸	m	常用于如卧室、书房等室内空间
011108001001	3.石材门槛石	1.石材门槛石 2.水泥砂浆粘贴结合层 3.成品保护	m^2	常用于如卧室、书房等室内空间

装饰施工图深化设计（第二版）

项目编码	项目名称	项目特征	单位	备　注
011102001001	4.石材地面	1.石材地面 2.水泥砂浆粘贴结合层 3.具体做法详见节点大样图 4.成品保护	m²	常用于卫生间、厨房等室内空间
二、天棚				
011302001001	1.吊顶天棚	1.轻钢龙骨基层 2.9 mm夹板基层，侧边加强部位采用双层9 mm夹板基层，防火防腐处理 3.面层9.5 mm厚纸面石膏板批腻子刷白色乳胶漆 4.开灯孔 5.具体做法详见施工图纸	m²	常用于客厅、卧室、书房等室内空间
011304002001	2.送风口、回风口	固定安装	个	常用于客厅、卧室、书房等室内空间
三、墙面				
011207001001	1.墙面木饰面	1.木龙骨基层，防火防腐处理 2.木工板基层，防火防腐处理 3.木饰面 4.具体做法详见施工图纸	m²	常用于客厅、卧室、书房等室内空间
011207001002	2.墙面PU硬包	1.木龙骨基层，防火防腐处理 2.木工板基层，防火防腐处理 3.木饰面 4.具体做法详见施工图纸	m²	常用于客厅、卧室、书房等室内空间
011408001001	3.墙纸	1.墙纸 2.腻子三遍	m²	常用于客厅、卧室、书房等室内空间
011204003001	4.墙砖墙面	1.墙砖墙面 2.木工板基层 3.水泥砂浆粘贴结合层 4.防水层 5.具体做法详见施工图纸	m²	常用于卫生间、厨房等室内空间

项目编码	项目名称	项目特征	单位	备 注
011210003001	5.成品玻璃隔断	公卫成品	m²	常用于卫生间、客厅等室内空间

四、门窗

项目编码	项目名称	项目特征	单位	备 注
010808007001	1.成品木门套	1.洞口尺寸(详见图纸) 2.成品木门及门套 3.现场安装	m²	常用于卧室、书房、客厅等室内空间
010809004001	2.石材窗台板	1.石材种类:石材板 2.水泥砂浆粘贴结合层	m²	常用于卧室、书房、客厅等室内空间
010810002001	3.木窗帘盒	1.尺寸(详见图纸) 2.9 mm夹板基层,防火防腐处理 3.面层:9.5 mm厚纸面石膏板刮腻子刷乳胶漆	m²	常用于卧室、书房、客厅等室内空间
010801002001	4.成品木饰面门及门套	1.洞口尺寸(详见图纸) 2.成品木门及门套 3.现场安装 4.五金铰链、门吸、门锁	m²	常用于卧室、书房、客厅等室内空间

五、其他装饰工程

项目编码	项目名称	项目特征	单位	备 注
011502002001	1.50 mm宽实木线条(刷开放漆)	1.50 mm宽实木线条(刷开放漆) 2.具体做法详见图纸	m	常用于卧室、书房、客厅等室内空间
011502004001	2.石膏装饰线	顶面石膏装饰线条涂刷白色乳胶漆	m	
011505001001	3.台盆柜	1.台盆柜尺寸:900 mm×520 mm×820 mm 2.石材台面及挂板 3.30角钢骨架 4.成品木饰面柜体、实木线条(刷开放漆),木皮收口 5.做法详见节点图	个	常用于卫生间空间

项目编码	项目名称	项目特征	单位	备 注
011505011001	4. 镜箱	1. 规格：镜面 1640 mm × 850 mm 2. 夹板夹层，防火防腐处理 3. 面层银镜暗藏 T5 灯管 4. 做法详见节点图	个	常用于卫生间空间
六、措施项目				
011701003001	里脚手架	里脚手架	m²	常用措施项目

德育链接

节约资源

节约资源是保护生态环境的根本之策。党的十八大报告指出要牢固树立节约资源理念。节约资源意味着价值观念、生产方式、生活方式、行为方式、消费模式等多方面的变革，涉及各行各业，与每个企业、单位、家庭、个人都有关系，需要全民积极参与。必须利用各种方式在全社会广泛培育节约资源意识，大力倡导珍惜资源、节约资源风尚，明确确立和牢固树立节约资源理念，形成节约资源的社会共识和共同行动，全社会齐心合力共同建设资源节约型、环境友好型社会。

党的十八大报告还对全面促进资源节约做出了具体部署，明确了全面促进资源节约的主要方向，确定了全面促进资源节约的基本领域，提出了全面促进资源节约的重点工作。

第五篇

『1+X』专篇——室内设计职业技能等级证书

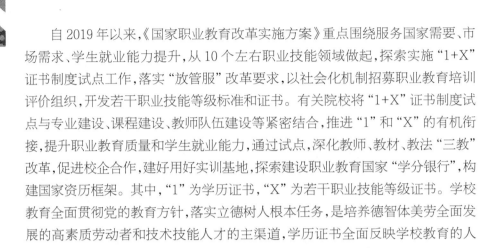

装饰施工图深化设计（第二版）

自 2019 年以来,《国家职业教育改革实施方案》重点围绕服务国家需要、市场需求、学生就业能力提升,从 10 个左右职业技能领域做起,探索实施"1+X"证书制度试点工作,落实"放管服"改革要求,以社会化机制招募职业教育培训评价组织,开发若干职业技能等级标准和证书。有关院校将"1+X"证书制度试点与专业建设、课程建设、教师队伍建设等紧密结合,推进"1"和"X"的有机衔接,提升职业教育质量和学生就业能力,通过试点,深化教师、教材、教法"三教"改革,促进校企合作,建好用好实训基地,探索建设职业教育国家"学分银行",构建国家资历框架。其中,"1"为学历证书,"X"为若干职业技能等级证书。学校教育全面贯彻党的教育方针,落实立德树人根本任务,是培养德智体美劳全面发展的高素质劳动者和技术技能人才的主渠道,学历证书全面反映学校教育的人才培养质量,在国家人力资源开发中起着不可或缺的基础性作用。

本篇内容主要针对专业对应的室内设计职业技能等级证书进行介绍,让学生对"1+X"证书制度试点工作有一个全面清晰的了解,为相关院校"1+X"证书制度试点工作提供参考;在教学中融入试点证书模拟考试,推进"1"和"X"的有机衔接,将证书培训内容及要求有机融入专业人才培养方案,优化课程设置和教学内容,加强专业教学团队建设。

第一节　室内设计职业技能等级证书基本情况

一、室内设计职业技能等级证书培训评价组织简介

室内设计职业技能等级证书培训评价组织为中国室内装饰协会。中国室内装饰协会(China National Interior Decoration Association, CIDA)是根据中华人民共和国国务院指示,由政府批准组建的室内装饰行业全国性组织。该协会成立于 1988 年,是具有法人地位的社会经济团体和自律性行业管理组织,也是国际室内建筑师设计师团体联盟(IFI)国家级团体成员。该协会已发起成立了"亚洲室内设计发展圆桌会议""全球设计师知识更新服务平台"等多个论坛或平台组织,在国际上形成了广泛的影响力,现有团体会员 8000 多家,个人会员与认定设计师 20 余万人,团体会员与个人会员分布在全国各地,涉及室内设计、室内陈设、室内环保、室内装饰装修等领域。该协会设有室内设计、陈设艺术等十多个专业委员会,与 40 多家省、市室内装饰协会形成联动,在全国范围内广泛开展校企合作。

二、室内设计职业技能等级证书简介

室内设计职业技能等级证书分初、中、高三个等级，为递进关系，高等级涵盖低等级职业技能要求。初级主要面向室内设计相关领域，根据作业流程的规定，从事项目调研、测量、设计绘图、资料管理、客户服务、设计探讨、设计服务等环节的辅助设计工作等；中级主要面向室内设计相关领域，根据业务管理的规定，从事设计方案洽商、装饰方案设计、设计方案表现、深化设计、施工图绘制、设计实施、设计服务等环节的设计工作等；高级主要面向室内设计相关领域，根据运营管理的需求，主持室内设计、设计审核、设计优化、设计服务、设计管理等环节的设计与管理工作等。

三、室内设计职业技能等级证书适用专业

室内设计职业技能等级证书适用专业(高等职业教育)如表5-1所示。

表5-1 室内设计职业技能等级证书适用专业（高等职业教育）

序号	专业名称	序号	专业名称	序号	专业名称
1	建筑设计	13	园林技术	25	家具艺术设计
2	环境艺术设计	14	园林工程技术	26	展示艺术设计
3	建筑装饰工程技术	15	建筑动画技术	27	公共艺术设计
4	古建筑工程技术	16	建设工程管理	28	工艺美术品设计
5	风景园林设计	17	工程造价	29	动漫设计
6	建筑室内设计	18	建设工程监理	30	舞台艺术设计与制作
7	建筑装饰材料技术	19	艺术设计	31	民族美术
8	建筑工程技术	20	工业设计	32	民族传统技艺
9	城乡规划	21	视觉传达设计	33	计算机应用技术
10	村镇建设与管理	22	广告艺术设计	34	数字媒体技术
11	装配式建筑工程技术	23	数字媒体艺术设计	35	家具设计与制造
12	虚拟现实技术应用	24	产品艺术设计	36	现代家用纺织品设计

第二节 室内设计职业技能等级证书技能要求（与课程相关）

要想取得室内设计职业技能等级证书，在前期准备、概念设计、方案设计、深化设计、施工图绘制、施工图审核、设计服务、设计管理等方面都要符合相关具体要求。《室内设计职业技能等级标准》(2021年2.0版)进一步明确了初级、中级、高级三个级别的室内设计职业技能等级证书之间的关系，三级划分更成体系；进一步确定了工作领域与设计岗位、设计流程之间的系统对应关系，工作任务中的知识与技能更具典型性、不易混淆，室内设计职业技能要求更加全面。该标准适用于室内设计职业技能培训、考核与评价，相关用人单位进行人员聘用、培训与考核也可参照使用。

一、室内设计职业技能等级(初级)要求

课程设置应与施工图绘制要求的知识和技能相对应，主要包括施工图绘制和图纸输出与交付。

(1)能够进行项目现场踏勘，会复核项目的结构、尺寸等信息并形成设计条件文档。

(2)能够根据制图标准绘制方案中各空间的平面图、顶棚图、立面图、剖面图等。

(3)能够依据标准图集绘制通用节点图。

(4)能够协助编辑图纸并汇编成套。

(5)能够以标准格式输出施工图，装订成册。

(6)能够依据相关规定完成蓝图签字盖章。

(7)能够向各相关方交付设计文件并形成移交记录。

二、室内设计职业技能等级(中级)要求

课程设置应与施工图绘制要求的知识和技能相对应，主要包括施工图绘制、施工指导文件编制和图纸输出与交付。

(1)能够组织设计项目现场踏勘，复核项目的结构、尺寸等信息并形成设计条件文档。

(2)能够根据设计方案及深化设计文件进行室内装饰平面图、立面图、节点图等施工图纸绘制。

(3)能够审核内装部品厂家的配合条件及配套图纸。

(4)能够编辑图纸、编写施工图目录及设计说明并汇编成套。

(5)依据设计合同、设计任务书条款及相关规范对设计图纸进行审核并形成

审图记录,同时执行国家相关审图规定。

(6)能够根据施工图编写施工工艺指导书。

(7)能够依据施工图及概预算确定装修材料,制定物料手册。

(8)能够依据相关规定完成蓝图审核签字盖章。

(9)能够组织交付设计文件并形成移交记录。

三、室内设计职业技能等级(高级)要求

施工图审核要求的知识和技能层次更高,对课程设置相应有更高的要求。施工图审核要求主要包括施工图审定和施工指导文件审定两个方面。

(1)能够依据设计合同、国家相关标准规范对室内装饰设计图纸进行审核并形成审图记录。

(2)能够依据设计合同、国家相关标准规范对室内装饰设计的配套机电设备图纸、部品部件等图纸进行二次审核并形成审图记录。

(3)能够审定施工工艺指导书。

(4)能够审定物料手册。

第三节　室内设计职业技能等级证书考核方案

一、考核对象

考核对象主要为院校在校学生,符合要求的社会人员也可参加。考生按照发布的考核通知自愿报名。各级别主要考核对象如下:

(1)初级:中职及以上层次室内设计相关专业在校学生、符合相关要求的社会从业人员。

(2)中级:高职及以上层次室内设计相关专业在校学生或已获得室内设计职业技能等级证书(初级)的在校学生、符合相关要求的社会从业人员。

(3)高级:本科及以上层次室内设计相关专业在校学生或已获得室内设计职业技能等级证书(中级)的在校学生、符合相关要求的社会从业人员。

二、考核方式

初级、中级、高级三个级别的考核均由理论考试和实操考试两部分组成。

1.理论考试

各级别理论考试的具体形式均为线上机考,初级、中级理论考试时长均为60分钟,高级理论考试时长为90分钟;满分为100分。考生须在指定的考核站点机房中通过计算机线上答题完成理论考试。

2. 实操考试

初级、中级实操考试时长均为 180 分钟,高级实操考试时长为 240 分钟;满分为 100 分。实操考试的具体形式如下:

(1)初级:重点考核 AutoCAD 操作能力。考生通过使用 AutoCAD 等常用绘图软件进行平面布置图抄绘等。

(2)中级:重点考核看图识图、图纸深化的能力及对制图规范的理解、应用能力。考生需首先使用 AutoCAD 完成施工图绘制,然后可选择通过手绘或通过使用 AutoCAD、3D Studio Max 等常用软件完成效果图绘制。

(3)高级:重点考核施工图深化设计和方案表达。以设计构思和创意方案为考核要点,考生通过采用手绘及使用 AutoCAD、3D Studio Max 等常用软件进行计算机制图相结合的方式,完成方案设计部分的综合考核。

三、考核内容

(1)室内设计职业技能等级证书(初级):主要面向室内设计相关领域,根据作业流程的规定,对从事项目调研、测量、设计绘图、资料管理、客户服务、设计探讨、设计服务等环节的辅助设计等工作进行综合考核。

(2)室内设计职业技能等级证书(中级):主要面向室内设计相关领域,根据业务管理的规定,对从事设计方案洽商、装饰方案设计、设计方案表现、深化设计、施工图绘制、设计实施、设计服务等环节的设计工作进行综合考核。

(3)室内设计职业技能等级证书(高级):主要面向室内设计相关领域,根据运营管理的需求,对主持室内设计、设计审核、设计优化、设计服务、设计管理等环节的设计与管理工作进行综合考核。

四、考核成绩评定

室内设计职业技能等级证书理论考试满分为 100 分,实操考试满分为 100 分,理论考试和实操考试合格标准为单项分数均大于等于 60 分,两项成绩均合格的考生可以获得相应级别的室内设计职业技能等级证书。

第四节 室内设计职业技能等级证书 （中级）考试模拟题

一、理论考试

与本课程相关的主要知识包括室内设计施工图制图规范相关知识、施工图审核知识及室内装饰材料构造知识等。

1. 单选题

(1) 顶棚图中的灯带用(　　　)线绘制。

A. 中实线　　　　　　　　　　B. 细实线

C. 中虚线　　　　　　　　　　D. 细虚线

参考答案：C。

(2) 如果用1∶60的比例来绘图,实际尺寸为2.4 m,图纸上的尺寸是(　　　)。

A. 30 mm　　　　　　　　　　B. 40 mm

C. 50 mm　　　　　　　　　　D. 60 mm

参考答案：B。

(3) 绘制空间界面的平、立、剖面图用的是(　　　)制图。

A. 轴测图　　　　　　　　　　B. 正投影

C. 一点透视　　　　　　　　　D. 两点透视

参考答案：B。

(4) 利用 AutoCAD 软件,下面的操作中不能实现复制的是(　　　)。

A. 旋转　　　　　　　　　　　B. 镜像

C. 分解　　　　　　　　　　　D. 偏移

参考答案：C。

(5) 吊顶工程施工中,木吊杆、木龙骨、木饰面应进行(　　　)处理。

A. 防水处理　　　　　　　　　B. 防火处理

C. 防锈处理　　　　　　　　　D. 不做处理

参考答案：B。

(6) 建筑法规定:设计文件选用的建筑材料、建筑构配件和设备,应当注明其(　　　)等技术指标,其质量必须符合国家规定的标准。

A. 规格、型号、性能　　　　　B. 高低、型号、性能

C. 大小、型号、性能　　　　　D. 数量、型号、性能

参考答案：A。

(7) 顶棚上的装饰图形,一般从(　　　)中查得。

A. 装饰剖面图　　　　　　　　B. 装饰立面图

C. 装饰平面图　　　　　　　　D. 吊顶平面图

参考答案：D。

(8) 我国建筑行业制图的标准是(　　　)。

A. 建筑制图标准　　　　　　　B. 结构制图标准

C. 装饰制图标准　　　　　　　D. 国际标准

参考答案：A。

(9) 采用工程量清单计价时,装饰脚手架工程应在(　　　)中列项考虑。

A. 分部分项工程工程量清单　　　　B. 综合单价

C. 措施项目清单　　　　　　　　　D. 其他项目清单

参考答案：C。

(10)天棚吊顶面层工程量以面积计算,应扣除(　　　)。

A. 间壁墙　　　　　　　　　　　B. 检查洞

C. 附墙烟囱　　　　　　　　　　D. 窗帘盒

参考答案：D。

(11)轻钢龙骨隔墙的基本构造不包括(　　　)。

A. 沿顶龙骨　　　　　　　　　　B. 沿地龙骨

C. 贯通龙骨　　　　　　　　　　D. 吊筋

参考答案：D。

(12)轻钢龙骨隔墙中沿顶龙骨、沿地龙骨断面一般为(　　　)。

A. U 形　　　　　　　　　　　　B. L 形

C. F 形　　　　　　　　　　　　D. T 形

参考答案：A。

(13)厨房、卫生间、外贴面砖的隔墙,应用(　　　)。

A. 普通纸面石膏板　　　　　　　B. 穿孔石膏板

C. 耐潮纸面石膏板　　　　　　　D. 耐火纸面石膏板

参考答案：C。

(14)吊顶的基本构造不包括(　　　)。

A. 吊筋　　　　　　　　　　　　B. 龙骨

C. 面层　　　　　　　　　　　　D. 结合层

参考答案：D。

(15)玻璃钢是(　　　)。

A. 纤维强化塑料　　　　　　　　B. 玻璃

C. 钢材　　　　　　　　　　　　D. 石材

参考答案：A。

(16)木材属于(　　　)。

A. 有机材料　　　　　　　　　　B. 无机材料

C. 高分子材料　　　　　　　　　D. 合成材料

参考答案：A。

(17)平行投影法按照投影线与投影面的关系可分为(　　　)。

A. 中心投影法、正投影法　　　　B. 中心投影法、斜投影法

C. 正投影法、斜投影法　　　　　D. 中心投影法、平行投影法

参考答案：C。

装饰施工图深化设计（第二版）

(18)主要用来确定新建房屋的位置、朝向以及周边环境关系的是(　　　)。

A. 建筑总平面图　　　　　　　B. 建筑立面图

C. 建筑平面图　　　　　　　　D. 功能分析图

参考答案:A。

(19)假想用一平面把建筑物沿垂直方向切开,切面后部分的正投影图是(　　　)。

A. 平面图　　　　　　　　　　B. 剖面图

C. 立面图　　　　　　　　　　D. 轴测图

参考答案:B。

(20)吊顶除了轻钢龙骨吊顶还有(　　　)。

A. 石膏板吊顶　　　　　　　　B. 纸板吊顶

C. 木龙骨吊顶　　　　　　　　D. 塑料吊顶

参考答案:C。

(21)在设计图纸时,设计师要具备(　　　)空间形态意识。

A. 二维　　　　　　　　　　　B. 三维

C. 四维　　　　　　　　　　　D. 五维

参考答案:B。

(22)室内设计中,在设计最初的流程是(　　　)。

A. 客户沟通　　　　　　　　　B. 实地量房

C. 草图绘制　　　　　　　　　D. CAD 制图

参考答案:B。

(23)在 AutoCAD 中绘制图纸,首先要设置不同类别的(　　　)。

A. 图层　　　　　　　　　　　B. 图框

C. 图标　　　　　　　　　　　D. 图案

参考答案:A。

(24)装修主材常包括(　　　)、洁具、柜体材料、门及灯具等。

A. 墙砖、窗帘　　　　　　　　B. 床品

C. 螺丝钉　　　　　　　　　　D. 瓷砖、地板

参考答案:D。

(25)室内装饰设计公司设计类岗位分为设计师、(　　　)和绘图员。

A. 绘图助理　　　　　　　　　B. 设计秘书

C. 设计员　　　　　　　　　　D. 设计师助理

参考答案:D。

(26)复合木地板按从下往上顺序其结构是(　　　)。

A. 底层、基层、耐磨层、装饰层

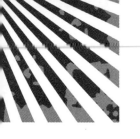

B. 耐磨层、底层、基层、装饰层

C. 底层、基层、装饰层、耐磨层

D. 基层、底层、装饰层、耐磨层

参考答案：C。

(27) 施工图的审核，应注重于(　　)。

A. 技术方案要求是否得到满足

B. 各专业设计的质量标准和要求是否得到满足

C. 使用功能及质量要求是否得到满足

D. 是否使施工组织与生产操作得到满足

参考答案：C。

(28) 下列选项中(　　)不属于装饰平板玻璃。

A. 毛玻璃和彩色玻璃　　　　　　　B. 花纹玻璃和印刷玻璃

C. 冰花玻璃和镭射玻璃　　　　　　D. 浮法玻璃

参考答案：D。

(29) 承重墙的一般厚度为(　　)。

A. 240 mm　　　　　　　　　　　　B. 120 mm

C. 60 mm　　　　　　　　　　　　　D. 100 mm

参考答案：A。

(30) A2 图纸的图幅是(　　)。

A. 840 mm×594 mm　　　　　　　B. 594 mm×420 mm

C. 420 mm×297 mm　　　　　　　D. 297 mm×210 mm

参考答案：B。

(31) KTV 包房墙面一般采用(　　)作为装饰材料。

A. 墙纸　　　　　　　　　　　　　B. 涂料

C. 板材　　　　　　　　　　　　　D. 织物软包

参考答案：D。

(32) 室内设计根据设计的进程，通常可以分为四个阶段，即设计准备阶段、方案设计阶段、(　　)阶段和设计实施阶段。

A. 方案定稿　　　　　　　　　　　B. 草图设计

C. 方案修改　　　　　　　　　　　D. 施工图设计

参考答案：D。

(33) 玻化砖的特点是(　　)。

A. 耐污性强　　　　　　　　　　　B. 易变形

C. 耐磨　　　　　　　　　　　　　D. 光泽度低

参考答案：C。

(34)(　　)的优点是隔音隔热、可调节温湿度、绿色无害、经久耐用、可翻新。

A.软木地板
B.实木地板
C.复合地板
D.竹地板

参考答案:B。

(35)一般建筑面积计量的单位是(　　)。

A.米
B.平方米
C.立方米
D.厘米

参考答案:B。

(36)(　　)构造简单,开启方便,它在窗扇一侧安装铰链,开启时沿水平方向转动,有内开和外开之分。

A.翻窗
B.平开窗
C.推拉窗
D.转窗

参考答案:B。

(37)进行实地测量的主要目的是(　　)。

A.确认墙体尺寸
B.再次确认原有建筑相关尺寸
C.确认高度
D.确认宽度

参考答案:B。

(38)横向定位轴线编号用阿拉伯数字,(　　)依次编号。

A.从右向左
B.从中间向两侧
C.从左至右
D.从前向后

参考答案:C。

(39)砌筑地下室等潮湿环境中的砌体宜采用(　　)。

A.水泥砂浆
B.石灰砂浆
C.沥青砂浆
D.组合砂浆

参考答案:A。

2.多选题

(1)对空间顶棚进行装饰设计的作用是(　　)。

A.遮盖各种通风、照明、空调线路和管道

B.为灯具、标牌等提供一个可载实体

C.创造特定的使用空间气氛和意境

D.起到吸声、隔热、通风的作用

参考答案:ABCD。

(2)一般应用于家装的木地板有(　　)。

A.实木地板
B.三层实木复合地板

C. 多层实木复合地板　　　　　　　D. 竹地板

参考答案：ABC。

(3)装饰材料的选用,应考虑便于(　　　　)。

A. 安装　　　　　　　　　　　　B. 使用

C. 更新　　　　　　　　　　　　D. 施工

参考答案：ABC。

(4)根据设计的进程,室内设计通常可以分为(　　　)阶段。

A. 设计准备　　　　　　　　　　B. 方案设计

C. 施工图设计　　　　　　　　　D. 设计实施

参考答案：ABCD。

(5)木地板主要有(　　　)等类型。

A. 条木地板　　　　　　　　　　B. 硬木地板

C. 软木地板　　　　　　　　　　D. 复合木地板

参考答案：ACD。

(6)下列选项中可以用于室内设计表达的是(　　　)。

A. 手绘表现图　　　　　　　　　B. 计算机表现图

C. 复合式表现图　　　　　　　　D. 立体模型

参考答案：ABCD。

(7)索引符号根据用途的不同可分为(　　　)。

A. 立面索引符号　　　　　　　　B. 详图索引符号

C. 设备索引符号　　　　　　　　D. 图例索引符号

参考答案：ABC。

(8)饰面式构造应该解决的三个问题是(　　　)。

A. 保护与维护　　　　　　　　　B. 附着与脱落

C. 厚度与分层　　　　　　　　　D. 均匀与平整

参考答案：BCD。

(9)建筑涂料可分为(　　　)。

A. 有机涂料　　　　　　　　　　B. 水溶性涂料

C. 无机涂料　　　　　　　　　　D. 无机和有机复合材料

参考答案：ACD。

(10)以下在AutoCAD中常用的快捷键与其功能对应关系正确的是(　　　　　)。

A. F8:对象追踪模式控制　　　　B. F9:栅格捕捉模式控制

C. F10:极轴模式控制　　　　　　D. F11:正交模式控制

参考答案：BC。

(11)纤维板按表现密度可分为(　　　)。

A. 软质纤维板   B. 中密度纤维板

C. 硬质纤维板   D. 高密度纤维板

参考答案:ABC。

(12)在装修构造设计中,石材面板安装主要包括(   )两类。

A. 涂料法   B. 湿贴法

C. 干挂法   D. 悬挂法

参考答案:BC。

(13)以下尺寸标注形式,必须在图形中已存在尺寸标注的情况下方可执行的是(   )。

A. 连续标注   B. 线性标注

C. 对齐标注   D. 基线标注

参考答案:AD。

(14)以下在AutoCAD中使用的快捷键与其功能对应关系正确的是(   )。

A. TAN:捕捉到切点   B. PER:捕捉到最近点

C. NOD:捕捉到节点   D. NEA:捕捉到垂足

参考答案:AC。

(15)装饰节点的常用比例为(   )。

A. 1:5   B. 1:30

C. 1:50   D. 1:100

参考答案:AB。

(16)室内装饰材料的抗耐性能主要包括(   )。

A. 耐水性   B. 耐高温性

C. 耐久性   D. 耐压性

参考答案:ABC。

(17)施工图纸最开始应说明的内容通常有图纸目录和(   )。

A. 设计总说明   B. 建筑详图

C. 门窗表组成   D. 构造做法表

参考答案:ACD。

(18)建筑剖面图的形成是假想用一个剖切平面将形体切开,移去(   )的部分,对剩下的形体进行正投影。

A. 剖切平面以后   B. 剖切平面以前

C. 剖切平面以下   D. 剖切平面与视线之间

参考答案:BCD。

(19)建筑剖面图的剖切符号应表示(   )。

A. 剖面图编号   B. 投影方向

C. 轴线编号   D. 图纸编号

参考答案：AB。

(20) 施工图设计的主要作用包括(   )。

A. 能够编制施工组织计划及预算

B. 能够安排材料、设备订货及非标准材料、构件的制作

C. 能够组织工程施工及安装

D. 能够进行工程验收及工程核算

参考答案：ABCD。

(21) 建筑的平面图、立面图和剖面图常用的比例尺有(   )。

A. 1：200   B. 1：100

C. 1：50   D. 1：20

参考答案：ABC。

(22) 下列关于室内设计制图中引出线的表述正确的是(   )。

A. 引出线应采用粗实线，可用曲线

B. 引出线同时索引几个相同部分时，各引出线应互相保持平行

C. 多层构造引出线，必须通过被引的各层，并需保持垂直方向

D. 文字说明的次序，应与构造层次一致，一般由上而下、从左到右

参考答案：BCD。

(23) 贴面类饰面构造方法包括(   )。

A. 直接用水泥砂浆镶铺   B. 钩挂方式与主体结构连接牢固

C. 直接用黏合剂粘贴   D. 固定龙骨时将饰面板安装在基层上

参考答案：ABD。

(24) 墙体饰面的构造层次包括(   )。

A. 基层   B. 抹灰底层

C. 中间层   D. 面层

参考答案：BCD。

(25) 下面属于正投影制图的有(   )。

A. 平面图   B. 立面图

C. 透视图   D. 剖面图

参考答案：ABD。

(26) 室内吊顶骨架包括下列结构中的(   )。

A. 吊筋   B. 主龙骨

C. 次龙骨   D. 横档

参考答案：ABCD。

装饰施工图深化设计（第二版）

3. 判断题

(1)室内设计过程:设计准备阶段—方案设计阶段—施工图设计阶段—设计实施阶段。

参考答案:正确。

(2)常用瓷砖规格不包括 600 mm × 600 mm × 12 mm。

参考答案:错误。

(3)实木复合地板可分为三层实木复合地板、多层实木复合地板和细木工板复合地板。

参考答案:正确。

(4)装饰立面图包括室外装饰立面图和室内装饰立面图。

参考答案:正确。

(5)镶贴板材采用石膏浆做临时固定,石膏浆为石膏粉掺 80% 的 108 胶加水拌成。

参考答案:错误。

(6)比例是指物体间或物体各部分的大小、长短、高低、多少、宽窄、厚薄、面积等方面的比较。

参考答案:正确。

(7)在满足使用功能的基础下,室内环境的创造应该把保障安全和有利于人们的身心健康作为室内设计的首要前提。

参考答案:正确。

(8)实木门色泽清晰美观,纹理自然和谐,保温、隔音效果好。

参考答案:正确。

(9)所有材料进场时应对品种、规格、外观和尺寸进行验收。

参考答案:正确。

二、实操考试

与本课程相关的主要技能包括绘制平面施工图、立面施工图、顶棚施工图、剖面图、节点详图等。根据一个空间(卧室、客厅、办公室等)的图片绘制该空间的平、立、剖面图及顶棚、节点大样施工图等,重点考核施工图制图规范、图纸的美观性及对空间布局的理解、表现能力。考查图纸完成度及完整性,空间各部分尺寸合理性,线条应用的准确性,字体、剖切符号、索引符号、尺寸标注等注释系统的准确性,以及布局制图、出图等。

1. 施工图深化设计

(1)出图内容:卧室。

(2)表达方式:用 AutoCAD 软件绘图(A3 图幅,布局视口布置,CAD 文件

(.dwg 格式)、PDF 格式文档各一份)。

(3)图层设置:根据《房屋建筑室内装饰装修制图标准》(JGJ/T 244—2011)和《房屋建筑制图统一标准》(GB/T 50001—2017)绘制,自行设置图层名称、颜色、线型及线宽(0 图层上绘制不得分)。

(4)绘制图框:在布局空间中,按 1∶1 比例绘制 A3 横向图框,不留装订边,画出图纸边界线和图框线,在图框右下角画出图 5-1 所示的标题栏,不标注此处尺寸,但要在此标题栏内填写考生编号、准考证号、图名以及比例。

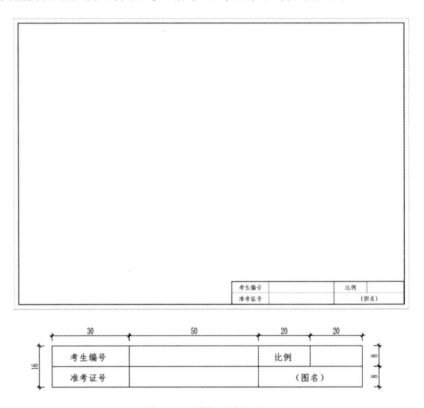

图 5-1 图框及标题栏

(5)文字样式设置:设置文字样式名称为"汉字"。字体名:仿宋。字体样式:常规。比例因子:0.7。

(6)标注样式设置:尺寸标注数字设置为文本字体,名称为"simplex.shx",宽高比设为 0.7,字高 3.0 mm。其他未说明的设置按照国家规范要求自行设置。注意:所有建筑墙体、门窗、家具等绘图内容在"模型"空间中完成。所有的文字标注、尺寸标注及索引标注应在"布局"空间中完成。

(7)出图数量:平面图 1 张(范围为整个卧室空间平面),立面图 1 张(卧室区域,根据立面图索引示意图中的编号提示选择任一立面绘制)。将文件分别命名为"平面布置图 .dwg"和"立面图 .dwg",并保存至电脑桌面,待操作完成后上传至平台;未上传至平台,不作为评分依据。

（8）虚拟打印：将"平面布置图 .dwg"和"立面图 .dwg"通过"布局"空间虚拟打印，视口比例按制图标准设定；打印样式设置为"monochrome"，根据制图标准设置打印特性，可打印区域页边距设为0，输出格式为PDF。将文件命名为"平面布置图 .pdf"和"立面图 .pdf"，并保存至电脑桌面，待操作完成后上传至平台，未上传至平台，不作为评分依据。

卧室原始结构图如图 5-2 所示，效果图如图 5-3 所示。

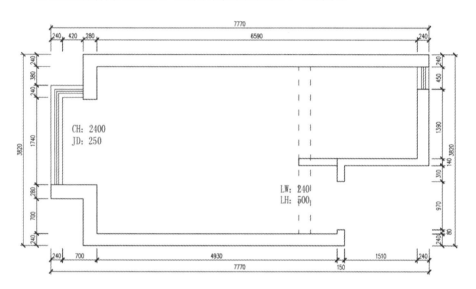

图 5-2　卧室原始结构图（单位：mm）

图 5-3　卧室效果图

2. 评分标准

评分标准如表 5-2 所示。

表 5-2 评分标准

序号	评分项目	评分说明
1	制图规范	制图规范,图框、标题框、线性设置、定位轴线、轴线编号、指北针、标高、尺寸标注、文字标注等按要求绘制
2	平面图	平面布置空间布局合理;轴线、墙体、柱网、门窗绘制正确
		各功能空间的家具陈设、隔断装饰造型等与所提供的效果图相符,空间比例符合人体工程学要求及效果图显示效果
3	立面图	所绘内容及形式与方案设计效果图相符,绘制的剖到的建筑结构、装饰完成面、吊顶造型线、地面完成面(线)等与所提供的效果图相符,比例符合人体工程学要求及效果图显示效果
		所绘内容及形式与方案设计效果图相符,绘制立面的装饰造型、立面空间家具陈设、隔断装饰造型等与所提供的效果图相符,比例符合人体工程学要求及效果图显示效果
4	虚拟打印	虚拟打印输出 PDF 文件,打印设置正确,布局合理、美观,视口比例合理

德育链接

"1+X"证书制度试点工作

　　2019 年 4 月,为深入贯彻党的十九大精神,按照全国教育大会部署和落实《国家职业教育改革实施方案》(简称"职教 20 条")要求,教育部会同国家发展改革委、财政部、市场监管总局制定了《关于在院校实施"学历证书 + 若干职业技能等级证书"制度试点方案》(简称《方案》),启动"学历证书 + 若干职业技能等级证书"(简称"1+X"证书)制度试点工作。试点工作的目的是进一步发挥好学历证书作用,夯实学生可持续发展基础,鼓励职业院校学生在获得学历证书的同时积极取得多类职业技能等级证书,拓展就业创业本领,缓解结构性就业矛盾。

　　试点工作的指导思想是深化复合型技术技能人才培养培训模式改革,借鉴国际职业教育培训普遍做法。国务院人力资源社会保障行政部门、教育行政部门在职责范围内,分别负责管理监督考核院校外、院校内职业技能等级证书的实施(技工院校内由人力资源社会保障行政部门负责),国务院人力资源社会保障行政部门组织制定职业标准,国务院教育行政部门依照职业标准牵头组织开发教学等相关标准。院校内培训可面向社会人群,院校外培训也可面向在校学生。各类职业技能等级证书具有同等效力,持有证书人员享受同等待遇。院校内实施的职业技能等级证书分为初级、中级、高级,是职业技能水平的凭证,反映职业活动和个人职业生涯发展所需要的综合能力。

专项实践

某户型住宅建筑装饰施工图深化设计

图 纸 目 录

设计单位

班级

姓名

某户型住宅建筑装饰施工图深化设计

图纸目录

ML-01

设计说明

一、设计依据：
1. 由甲方提供的建筑平面布置图；
2. 由建设部颁发的《建筑装饰工程施工及验收规范》（JGJ 73-91）；
3. 由建设部、技术监督局联合发布的《建筑内部装修设计防火规范》（GB 50222-1995）；
4. 《建筑电气安装工程质量检验评定标准》（GBJ 303-88）
5. 装饰工程施工的标准做法及施工详尽之做法参照相关标准工具书，如中国建筑工业出版社《建筑装饰工程施工手册》等。

二、施工图范围：
某户型住宅建筑装饰施工说明。

三、施工图与施工说明：
某户型大理石的国家A级产品标准。

（一）主材料的说明：
1. 大理石：磨光度达到95度以上，厚度要基本一致，在规范公差范围内，最大公差±2mm。产品要选用A级。国产大理石的产品质量要符合国家A级产品标准。

2. 木夹板：选用进口或国内合资厂生产的A级木夹板，在规范产品要求，有防火涂料。

木方：不管是国产还是进口，要选用与表面饰面板纹理相同颜色的A级产品，含水率要控制在15%以内，有防火涂料。

3. 所有布料：是半年内产品，不发霉不老化，并具有一定的防火性能。

装饰壁纸：尽量选择自然纤维壁纸，等级为D级或B级。

5. 家具油漆：均为进口亚光面聚酯漆；乳胶漆面涂料均为白色亚光

乳胶漆；阳台及卫生间采用进口亚光白色防水乳胶漆。
6. 天花材料：按国家规范透用大理石和5mm夹板吊顶，面层封9mm石膏板吊顶。
大面积块采用50系列轻钢龙骨，面封9mm石膏板。凡是异形的造型，采用木龙骨夹板天花，有防火涂料。

（二）施工工艺的要求：
1. 大理石的墙面及地面均平整度公差为±2mm。
凡是白色或其他浅色大理石（如莎安娜米黄、雅士白、紫云砂米、白木纹米黄等），在贴以前都要做防渗透处理。
2. 所有采用木夹板的天花、隔墙、造型底板、备餐台等的，都要进行防火处理。
3. 所有外墙内侧的墙面、卫生间、内墙（批水泥或做装饰），均要进行防水处理。
4. 所有天花属大面积的，一般超过200㎡面积的范围就要考虑伸缩缝。
5. 所有镜面与墙面拼接处不能用镜钉安装，要以双面胶及中性玻璃胶贴合。
6. 所有石膏板与夹板拼合处会后可能会发生开裂处要以细带做防裂处理。

（三）图纸说明：
1. 家具、灯饰不画施工图，具体加工时由专业厂家出图。
2. 工艺品如选择定做，只做示意并提要求，具体由甲方选购。
3. 墙体及门窗洞口尺寸定位，除标注外，均同原建筑设计。
4. 防火门、防火卷帘、防火大墙、消火栓等均按国家规范设计。除标注明外，均同原建筑设计。
5. 图纸上的比例相对准确的，如发现个别尺寸未标注，由设计单位出书通知，所有尺寸必须现场核对，如有不同由设计师现场调整。
图纸以标注的尺寸与清单有矛盾时，均应按现行有关的规范、规程和规定执行。

四、本设计说明所有未尽事项，均应按现行国家有关的规范、规程和规定执行。

某户型住宅建筑装饰施工图深化设计

设计说明

SM-01

设计单位

班级

姓名

材 料 表

序号	材料编号	材料名称	材料规格	防火要求	使用部位	备注
		涂料（油漆）				
1	PT-01	白色乳胶漆		A	顶面	
2	PT-02	白色防水乳胶漆		A	顶面	
		石材				
1	SC-01	杭灰大理石		A	地面、踢脚线	
2	SC-02	黑金花大理石		A	地面	
3	SC-03	雅士白大理石		A	墙面	
		瓷砖				
1	CT-01	白色瓷砖	800 mm×800 mm	A	客厅地面	
		木饰面				
1	WD-01	白色烤漆护墙板		A	门套、墙面	
2	WD-02	订制衣柜	白色木饰面	A	衣柜门	
3	WD-03	白色木踢脚线		A	踢脚线	
		软包				
1	UP-01	紫色软包		A	主卧墙面	
		实木复合地板				
1	WF-01	实木复合地板		A	主卧地面	
		玻璃				
1	GL-01	镜面装饰	茶镜	A	墙面、顶面	
2	GL-02	镜面装饰	木纹镜	A	墙面、顶面	

设计单位
班级
姓名

某户型住宅建筑装饰施工图深化设计

材料表

CL-01

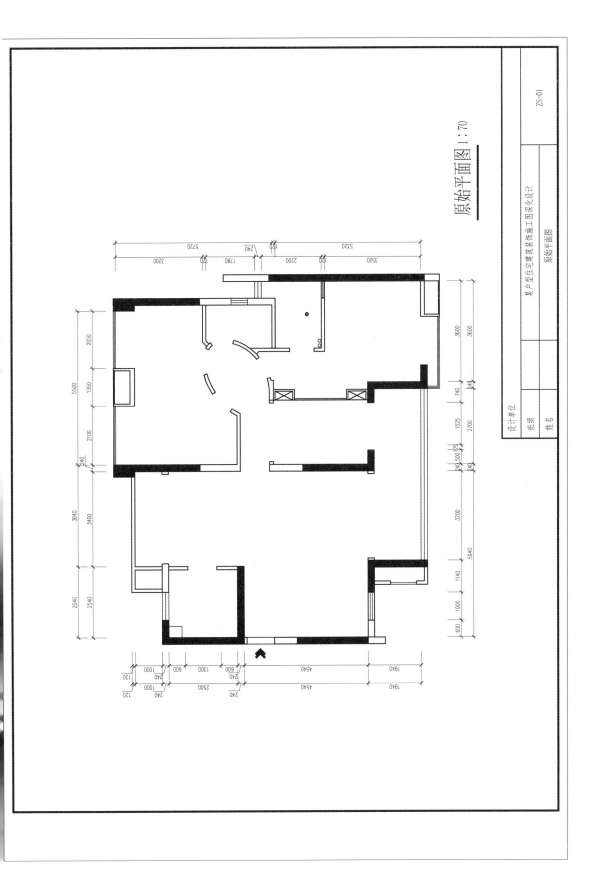

原始平面图 1:70

设计单位

班级

姓名

某户型住宅楼建筑装饰施工图深化设计

原始平面图

ZS-01

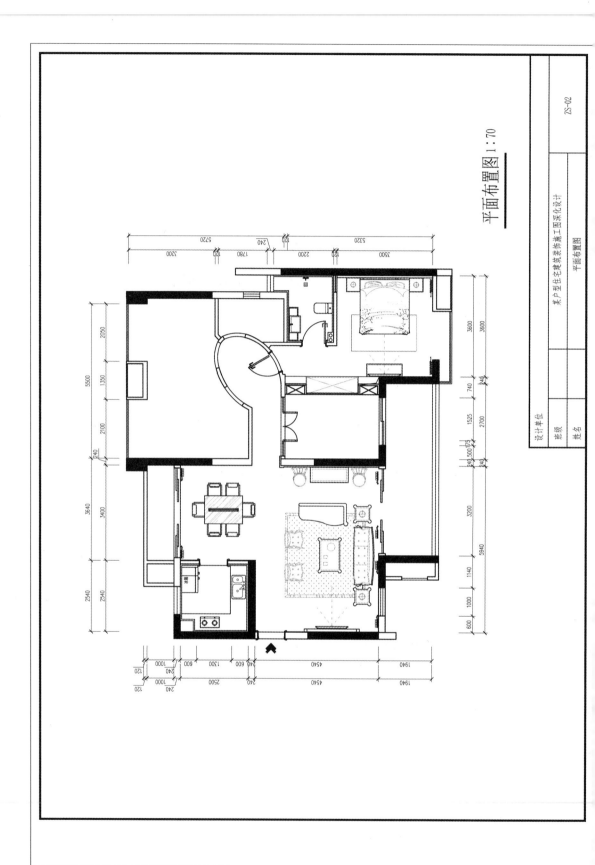

平面布置图 1:70

平面布置图

某户型住宅暨建筑装饰装修施工图深化设计

ZS-02

设计单位

班级

姓名

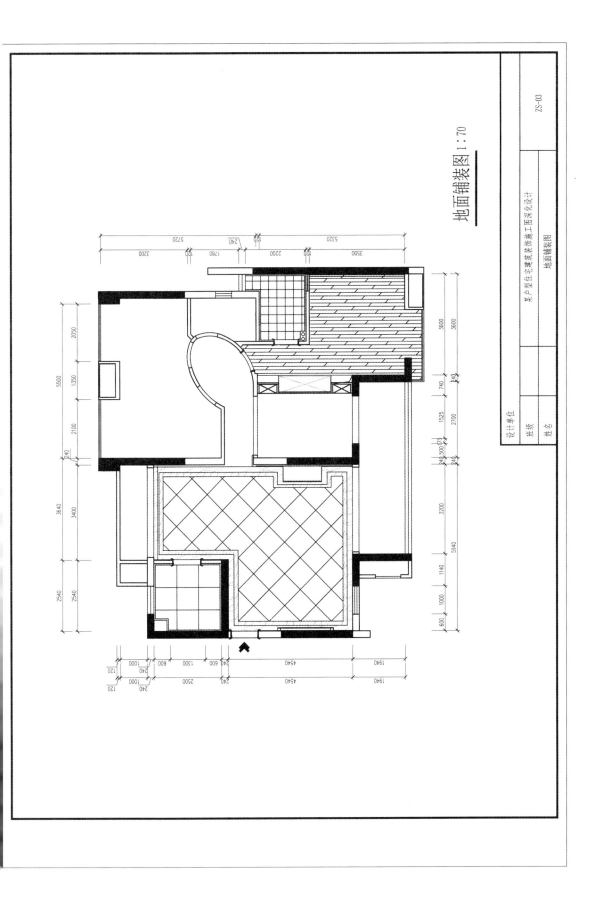

地面铺装图 1 : 70

设计单位		某户型住宅建筑装饰施工图深化设计	ZS-03
班级		地面铺装图	
姓名			

229

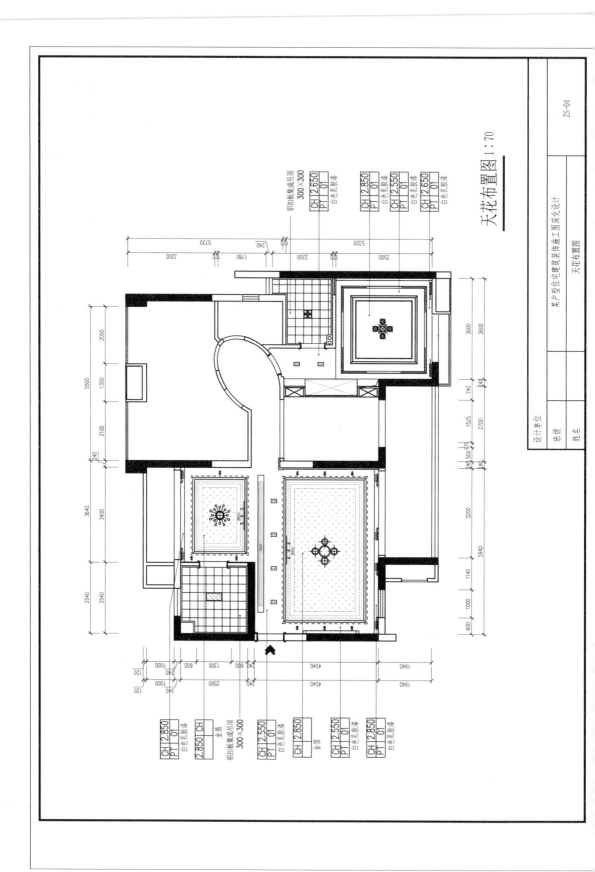

天花布置图 1:70

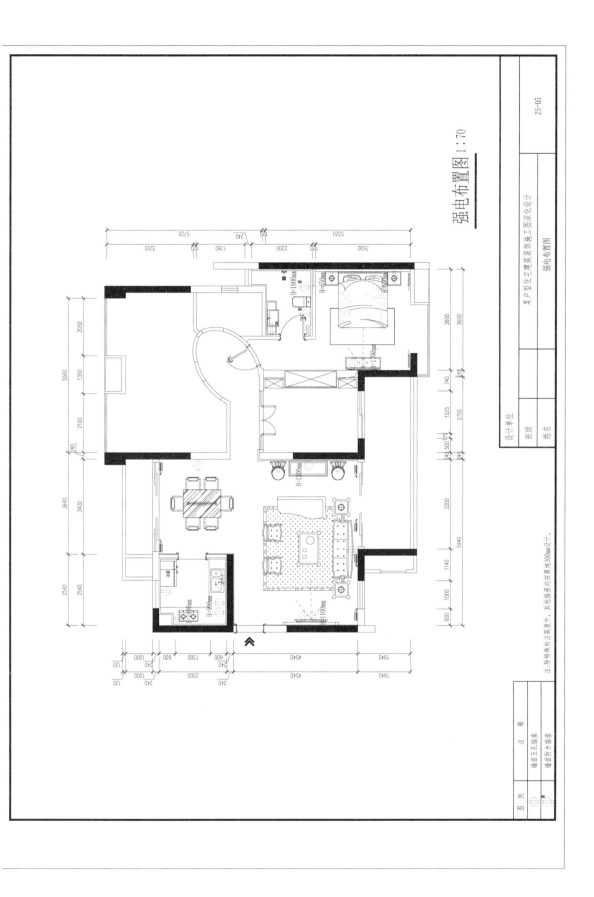

强电布置图 1:70

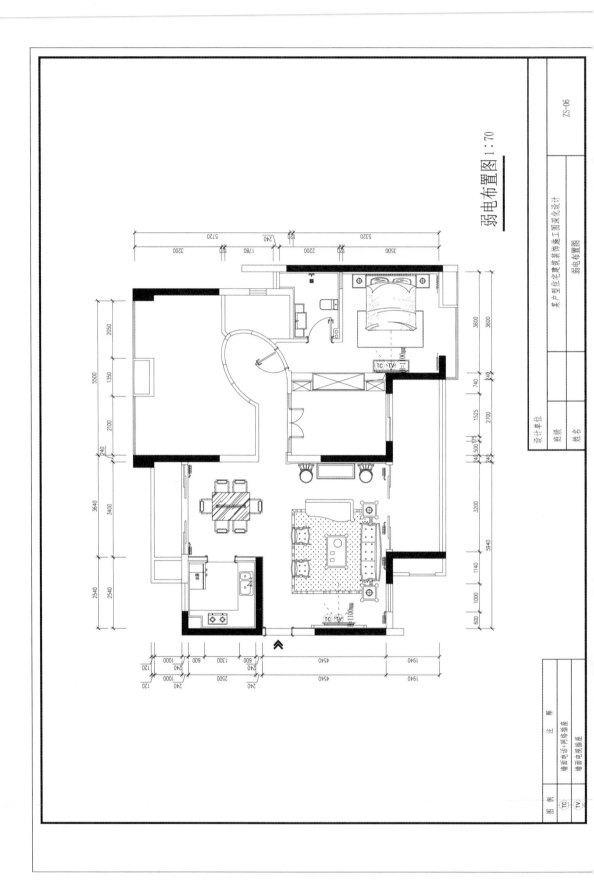

弱电布置图 1:70

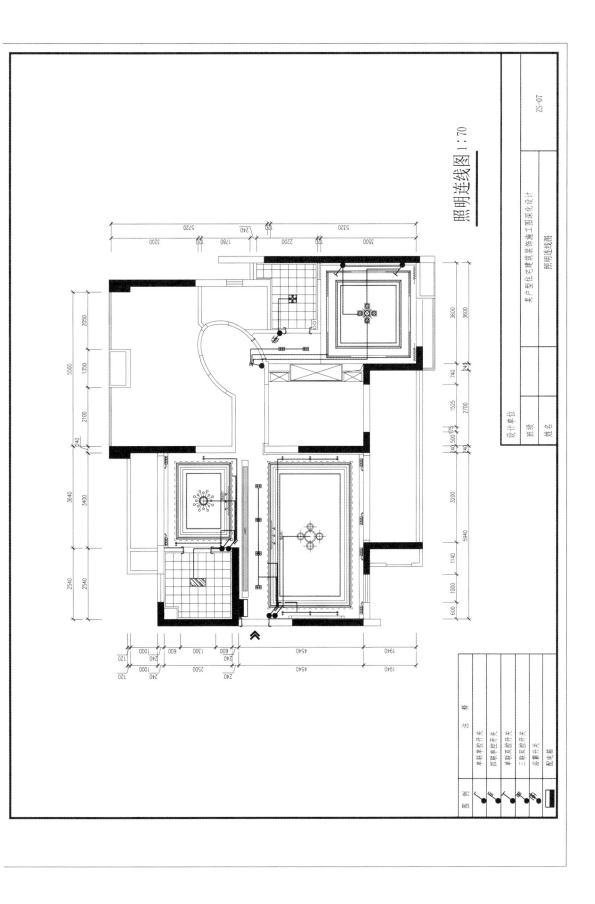

照明连线图 1:70

图例 注释
　　　 单联单控开关
　　　 四联单控开关
　　　 单联双控开关
　　　 三联双控开关
　　　 凋霭开关
　　　 配电箱

设计单位 | 某户型住宅建筑装饰装修施工图深化设计
班级 | 照明连线图
姓名 | ZS-07

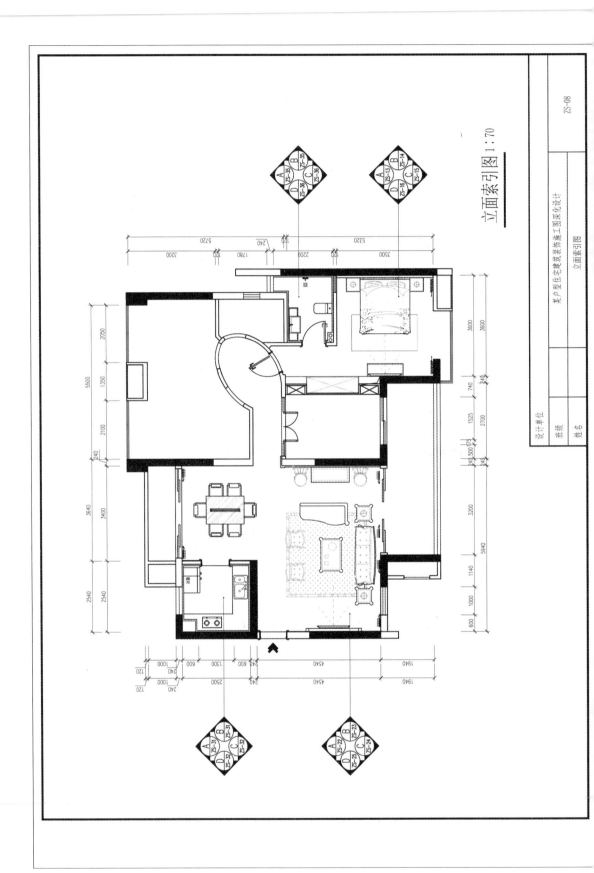

立面索引图 1:70

立面索引图

某户型住宅建筑装饰施工图深化设计

设计单位

班级

姓名

ZS-08

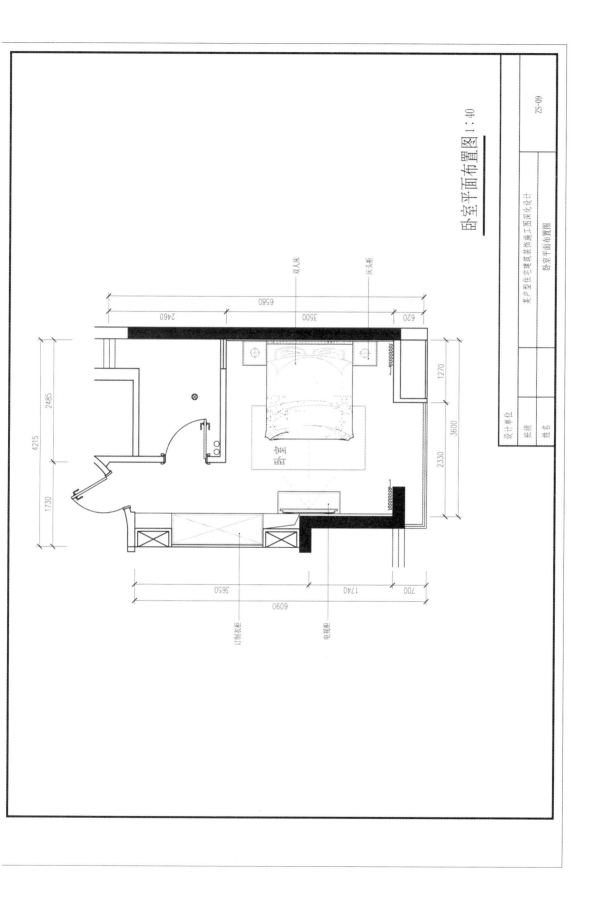

卧室平面布置图 1:40

双人床
床头柜

6580
2460
3500
620

卧室

2485
4215
1730

1270
3600
2330

3650
1740
700
6090

订制衣柜
电视柜

设计单位
班级
姓名

某户型住宅建筑装饰施工图深化设计
卧室平面布置图

ZS-09

235

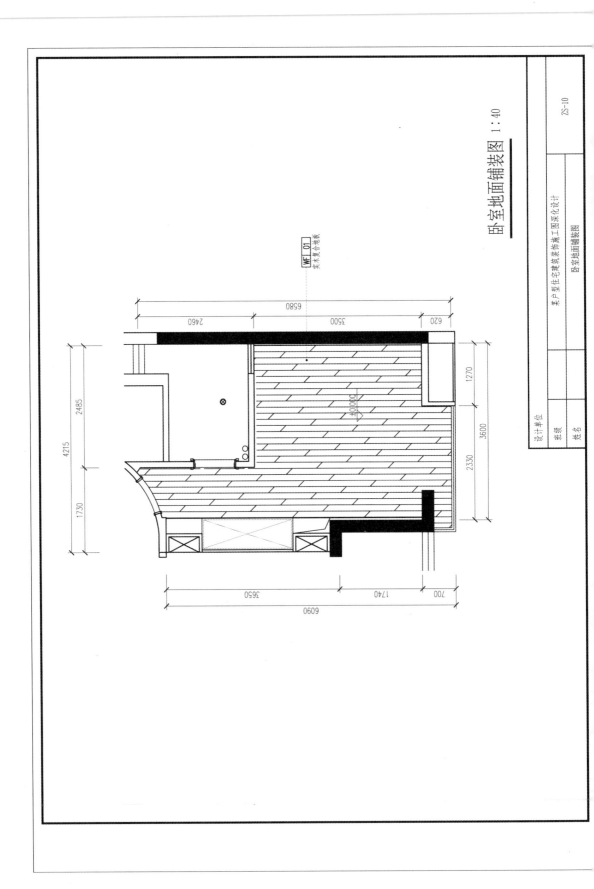

卧室地面铺装图 1：40

WF_01
实木复合地板

某户型住宅建筑装饰施工图深化设计

卧室地面铺装图

设计单位

班级

姓名

ZS-10

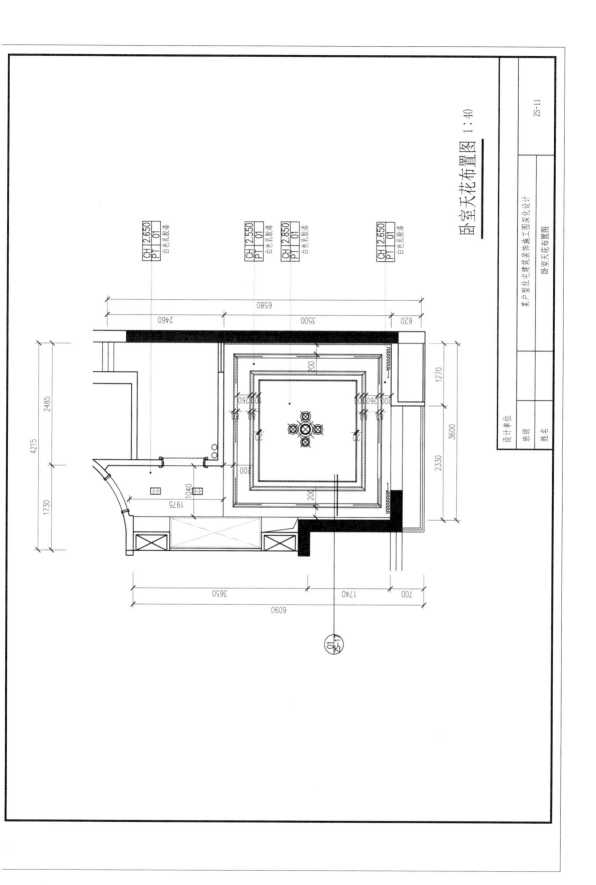

卧室天花布置图 1:40

CH 2.650
PT 01
白色乳胶漆

CH 2.550
PT 01
白色乳胶漆

CH 2.850
PT 01
白色乳胶漆

CH 2.650
PT 01
白色乳胶漆

某户型住宅建筑装饰施工图深化设计

卧室天花布置图

ZS-11

设计单位

班级

姓名

237

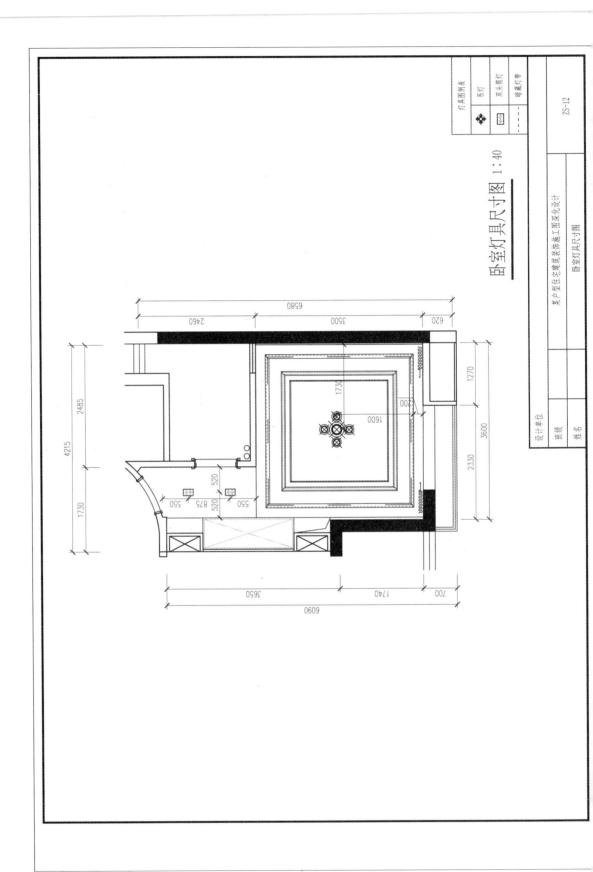

卧室灯具尺寸图 1:40

灯具图例表	
吊灯	◆
双头筒灯	▣
硬灯带	-----

ZS-12

设计单位

班级

姓名

某户型住宅建筑装饰施工图深化设计

卧室灯具尺寸图

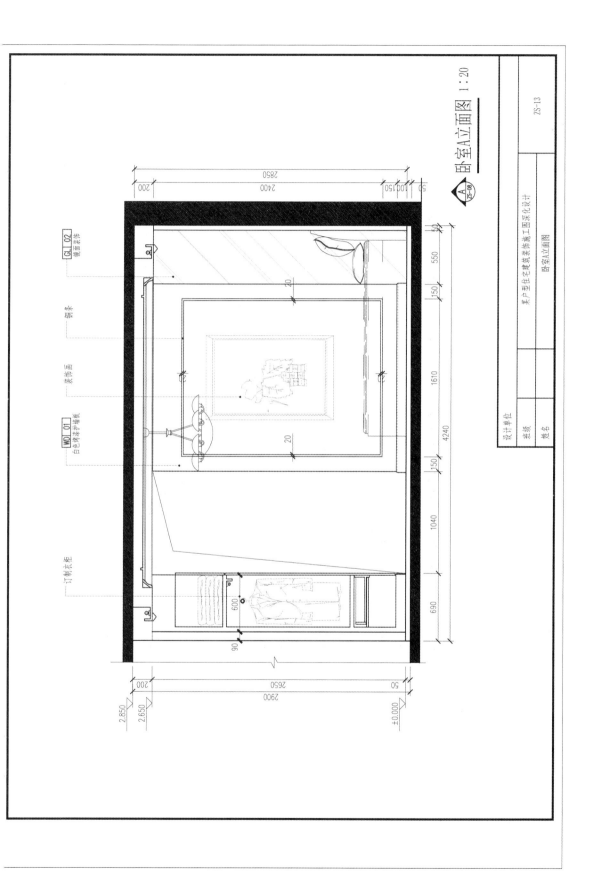

卧室A立面图 1：20

GL-02 镜面装饰

铜条

装饰画

WD-01 白色茶护墙板

订制衣柜

A
ZS-08

2850
200   2400   50 100 150
50
550
150
1610
20
4240
20
150
1040
690
90
600

2.850
2.650
200   2650   50
2900
±0.000

设计单位

班级
姓名

某户型住宅建筑装饰施工图深化设计

卧室A立面图

ZS-13

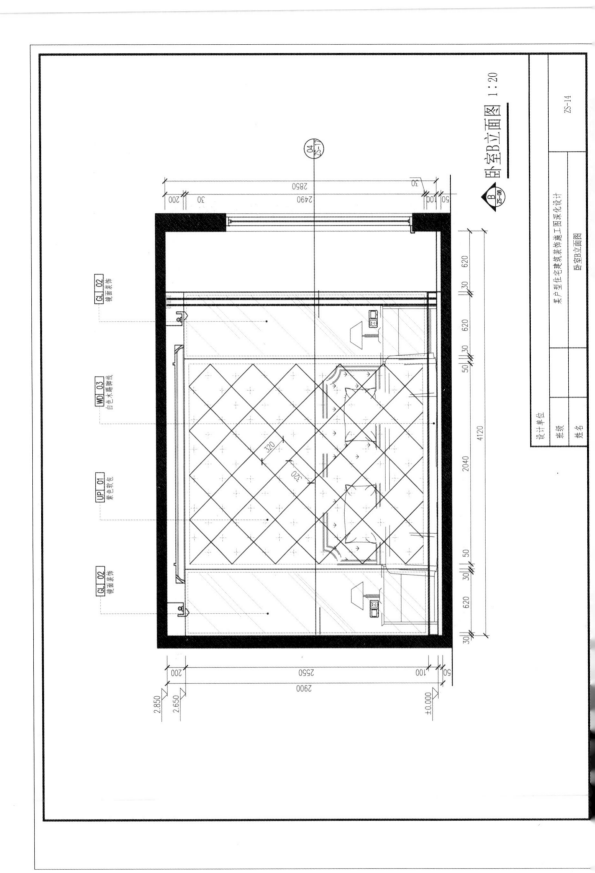

卧室B立面图 1:20

某户型住宅建筑装饰施工图深化设计

卧室B立面图

ZS-14

设计单位

班级

姓名

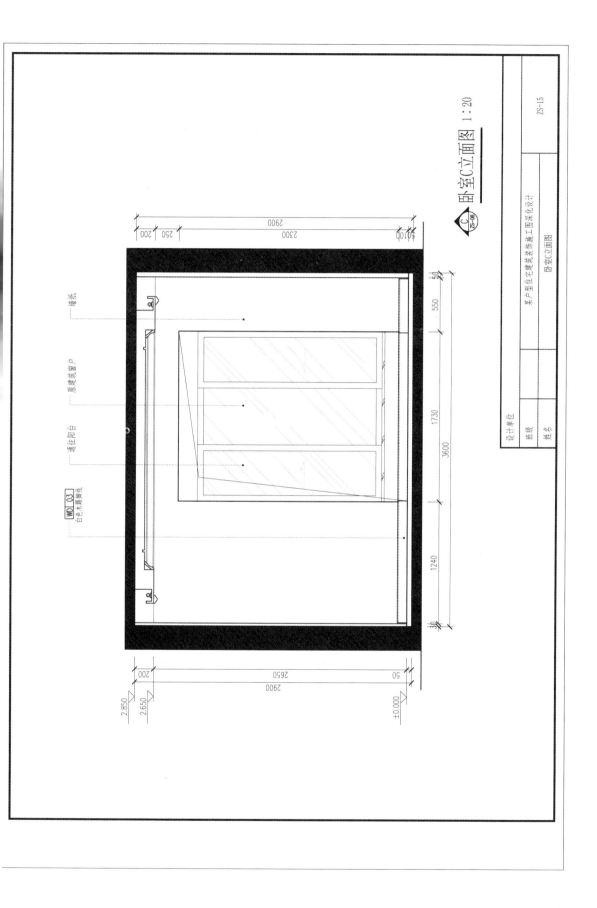

卧室C立面图 1：20

卧室C立面图

ZS-15

某户型住宅建筑装饰施工图深化设计

设计单位

班级

姓名

墙纸

原建筑窗户

通往阳台

WD.03
白色木踢脚线

2900
200 | 250 | 2300 | 50 100

550 | 1730 | 1240
3600

200 | 2650 | 50
2900

2.850
2.650
±0.000

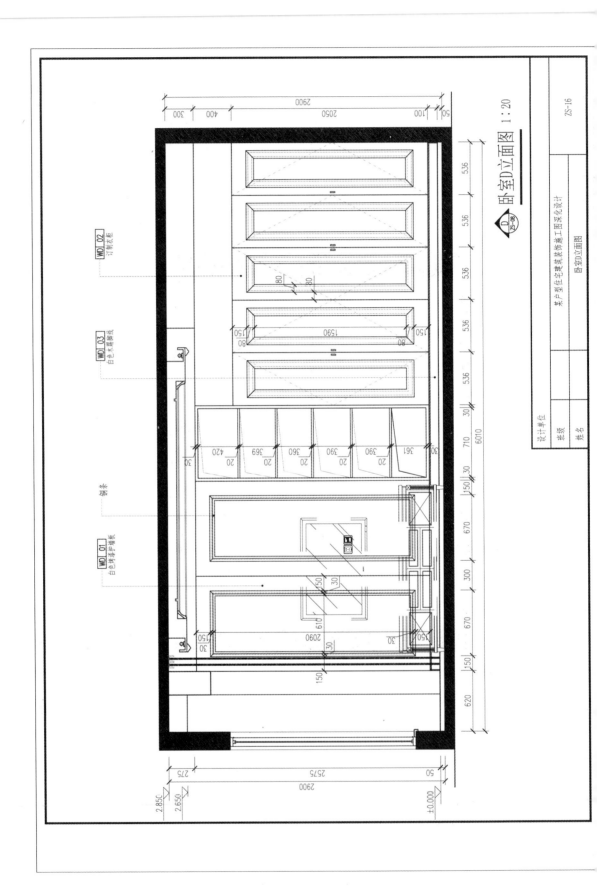

卧室D立面图 1:20

WD 02 订制衣柜

WD 03 白色木脚踢脚线

镜条

WD 01 白色烤漆墙板

设计单位

班级

姓名

某户型住宅建筑装饰施工图深化设计

卧室D立面图

ZS-16

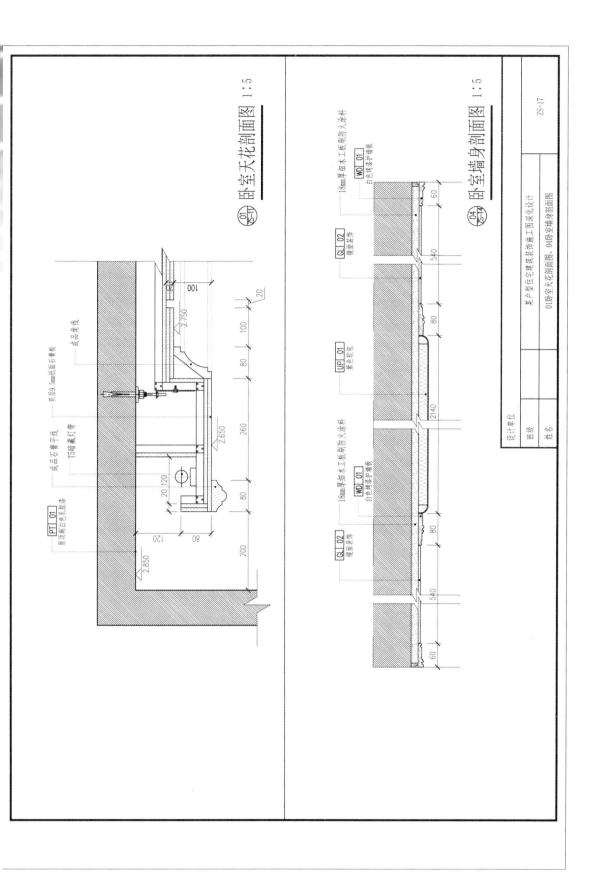

卧室天花剖面图 1:5

$\frac{01}{ZS-17}$

PT 01
原顶刷白色乳胶漆

双层9.5mm纸面石膏板

成品石膏平线

T5暗藏灯带

成品角线

成品石膏平线

2.750

2.650

2.850

100

20

100

80

260

80

200

20 120

120   80

卧室墙身剖面图 1:5

$\frac{04}{ZS-17}$

18mm厚细木工板刷防火涂料

WD 01
白色烤漆护墙板

GL 02
镜面装饰

UP 01
紫色软包

WD 01
白色烤漆护墙板

GL 02
镜面装饰

18mm厚细木工板刷防火涂料

60

540

80

2140

80

540

60

设计单位	某户型住宅建筑装饰施工图深化设计	ZS-17
班级	01卧室天花剖面图、04卧室墙身剖面图	
姓名		

243

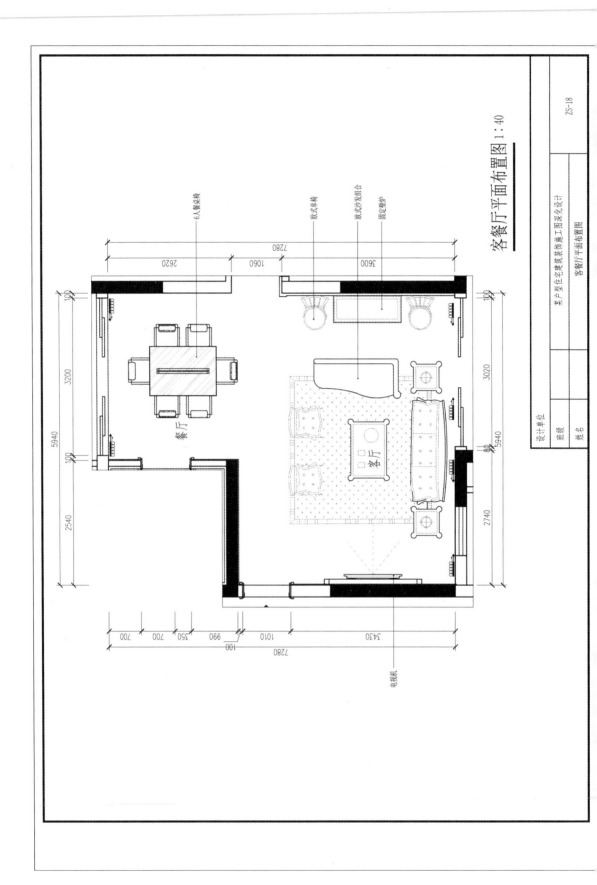

客餐厅平面布置图 1:40

6人餐桌椅

欧式单椅

欧式沙发组合

固定壁炉

餐厅

客厅

3200

2540

5940

100

100

7280

2620

1060

3600

100

100

3020

5940

80

2740

700

700

350

990

1010

100

3430

7280

电视机

某户型住宅建筑装饰施工图深化设计

客餐厅平面布置图

设计单位

班级

姓名

客餐厅平面布置图

ZS-18

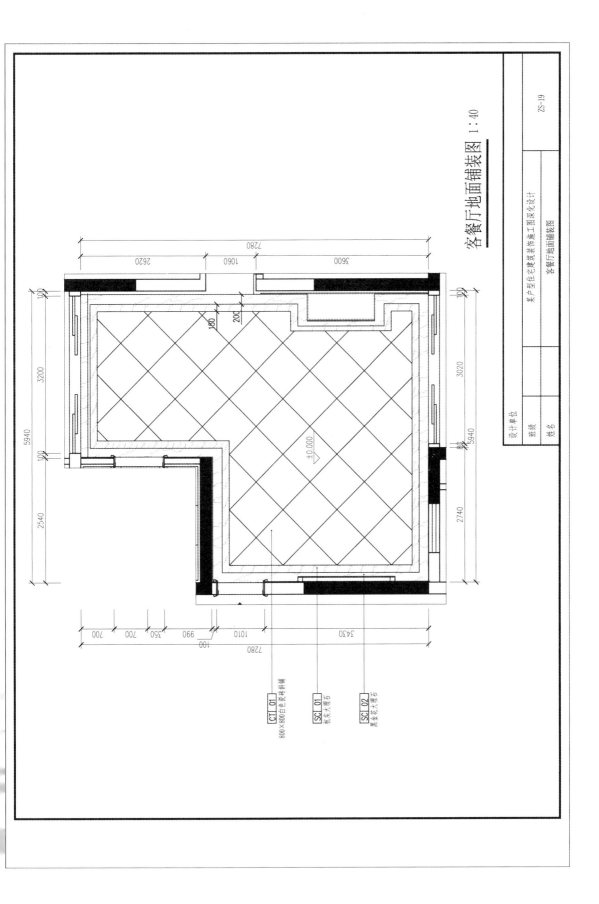

客餐厅地面铺装图 1：40

CT 01
800×800白色瓷砖斜铺

SC 01
岩米大理石

SC 02
黑金花大理石

设计单位	某户型住宅建筑装饰装修施工图深化设计	ZS-19
班级	客餐厅地面铺装图	
姓名		

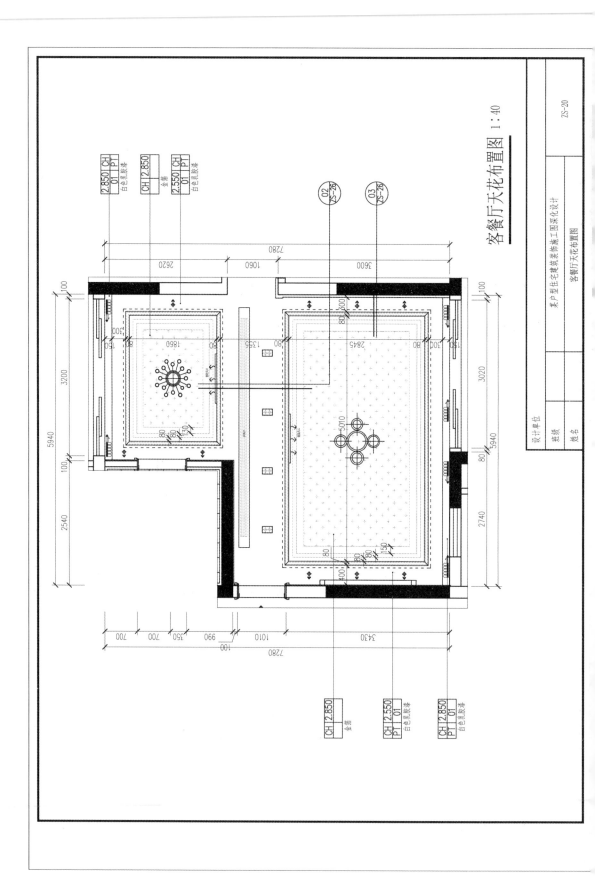

客餐厅天花布置图 1：40

ZS-20

某户型住宅装饰装修施工图深化设计

客餐厅天花布置图

设计单位

班级

姓名

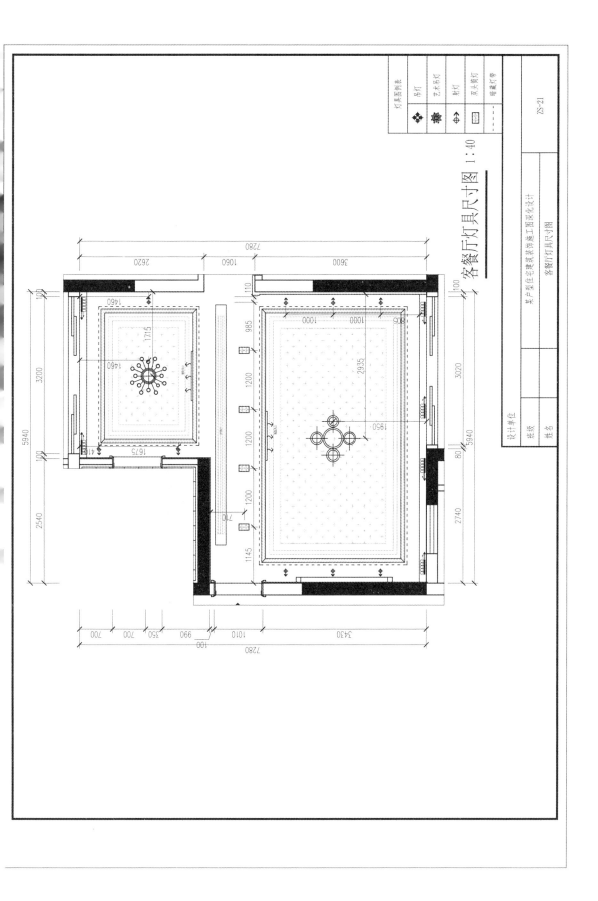

客餐厅灯具尺寸图 1:40

灯具图例表	
◆	吊灯
艺术吊灯	
◆➤	射灯
▣	双头筒灯
— · —	暗藏灯带

设计单位		某户型住宅建筑装饰施工图深化设计	ZS-21
班级		客餐厅灯具尺寸图	
姓名			

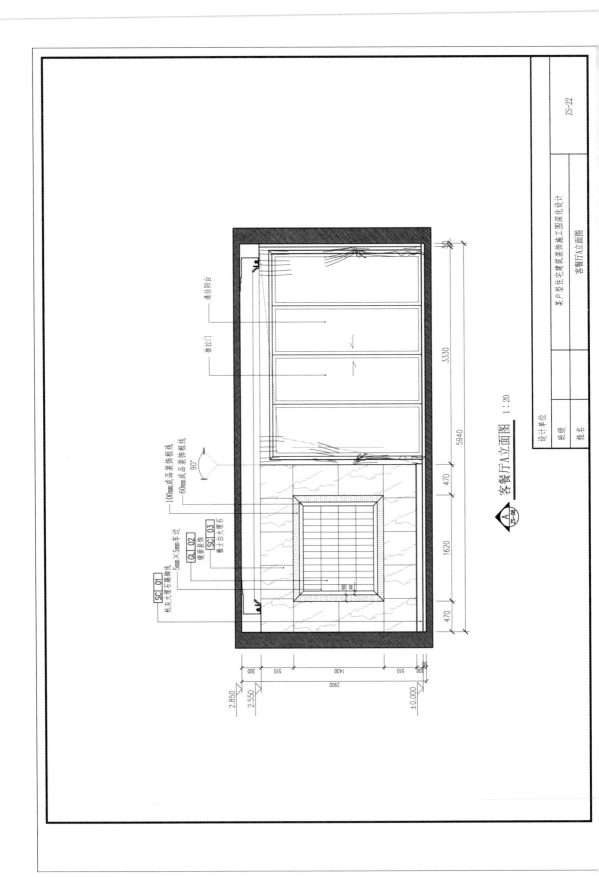

客餐厅A立面图 1:20

A
ZS-08

SCI 01
浅灰大理石踢脚线
5mm×5mm牙边
GL 02
墙面装饰
SCI 03
雅士白大理石

100mm成品装饰框线
60mm成品装饰框线
90°

通往阳台

推拉门

5940
3330
470
1620
470

100
300
510
1430
510
100
2900

2.850
2.550
±0.000

设计单位
班级
姓名

某户型住宅楼建筑装饰施工图深化设计

客餐厅A立面图

ZS-22

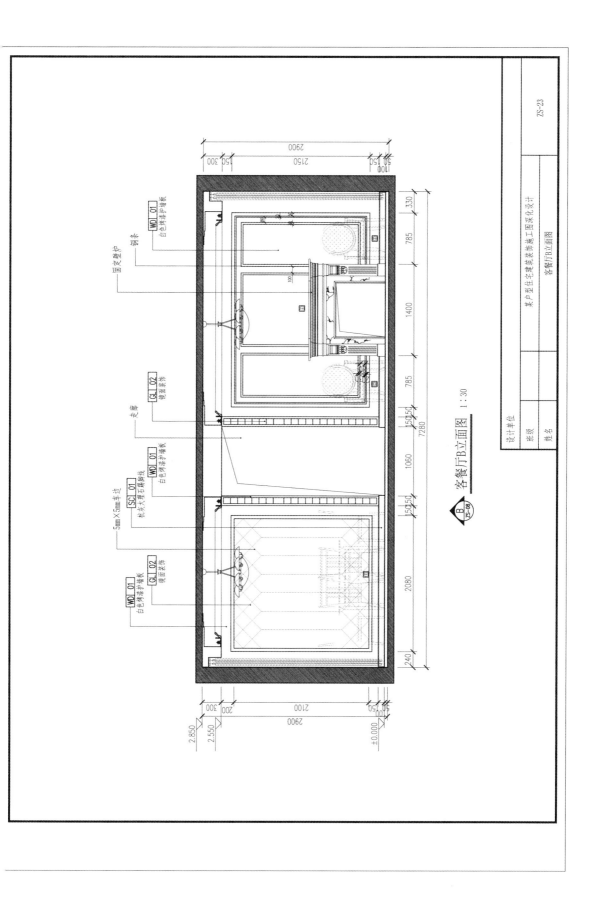

客餐厅B立面图 1:30

B
ZS-08

WD 01 白色烤漆护墙板
固定壁炉
铜条

GL 02 镜面装饰
吊顶

WD 01 白色烤漆护墙板
SCL 01 杭灰大理石踢脚线
5mm×5mm手边

WD 01 白色烤漆护墙板
GL 02 镜面装饰

设计单位
班级
姓名

某户型住宅建筑装饰施工图深化设计
客餐厅B立面图

ZS-23

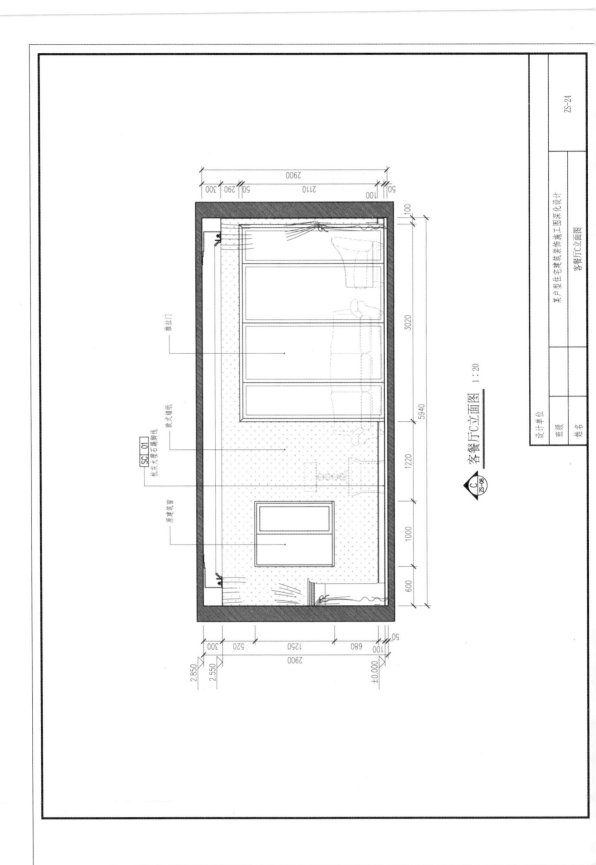

客餐厅C立面图 1:20

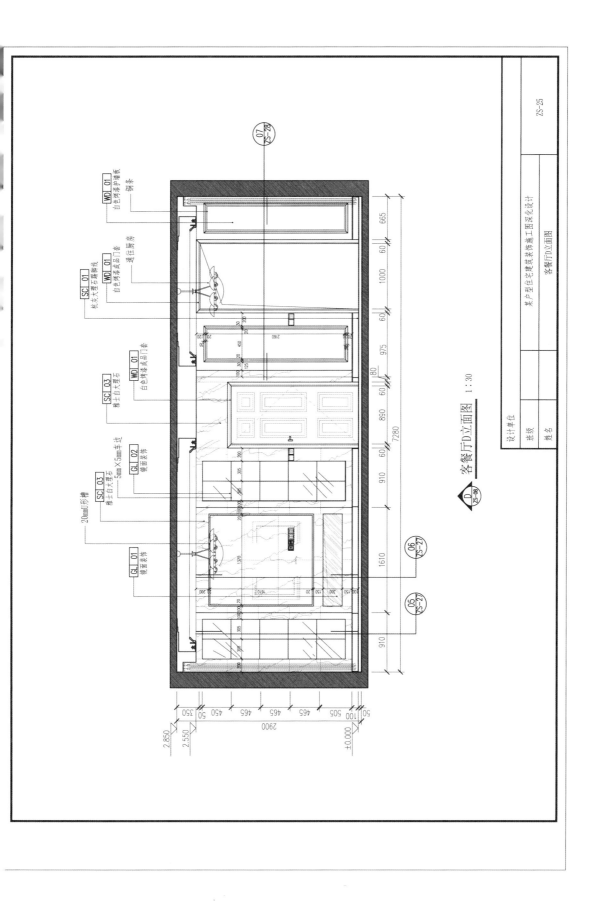

客餐厅D立面图 1:30

WD 01 白色烤漆护墙板
镜条

SCI 01 浅灰大理石踢脚线
WD 01 白色烤漆成品门套
通往厨房

WD 01 白色烤漆成品门套
SCI 03 豫土白大理石

SCI 03 豫土白大理石 5mm×5mm斜面
GL 02 镜面装饰

GL 01 镜面装饰
20mmU形槽

7280
665 60 1000 60 975 80 60 890 60 910 1610 910

2900
2.850 350 50 450 465 465 465 505 100 50 ±0.000
2.550

D
ZS-08

07
ZS-28

06
ZS-27

05
ZS-27

设计单位
班级
姓名

某户型住宅建筑装饰施工图深化设计
客餐厅D立面图

ZS-25

251

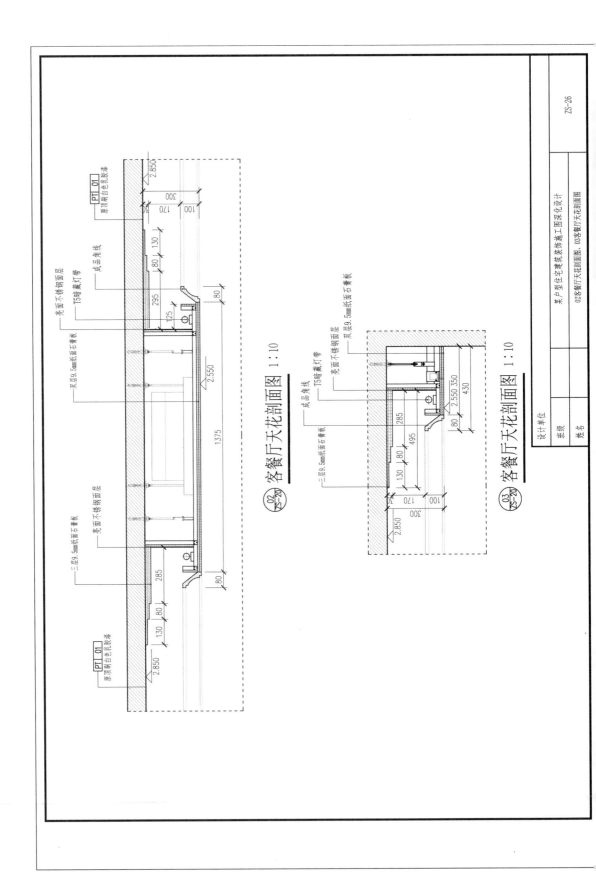

客餐厅天花剖面图 1:10

$\frac{02}{ZS-20}$ 客餐厅天花剖面图 1:10

$\frac{03}{ZS-20}$ 客餐厅天花剖面图 1:10

PT 01 原顶刷白色乳胶漆

三层9.5mm纸面石膏板

亮面不锈钢面层

双层9.5mm纸面石膏板

成品角线

T5暗藏灯带

亮面不锈钢面层

双层9.5mm纸面石膏板

成品角线

T5暗藏灯带

亮面不锈钢面层

三层9.5mm纸面石膏板

PT 01 原顶刷白色乳胶漆

设计单位		
班级		某户型住宅建筑装饰施工图深化设计
姓名		02客餐厅天花剖面图、03客餐厅天花剖面图

ZS-26

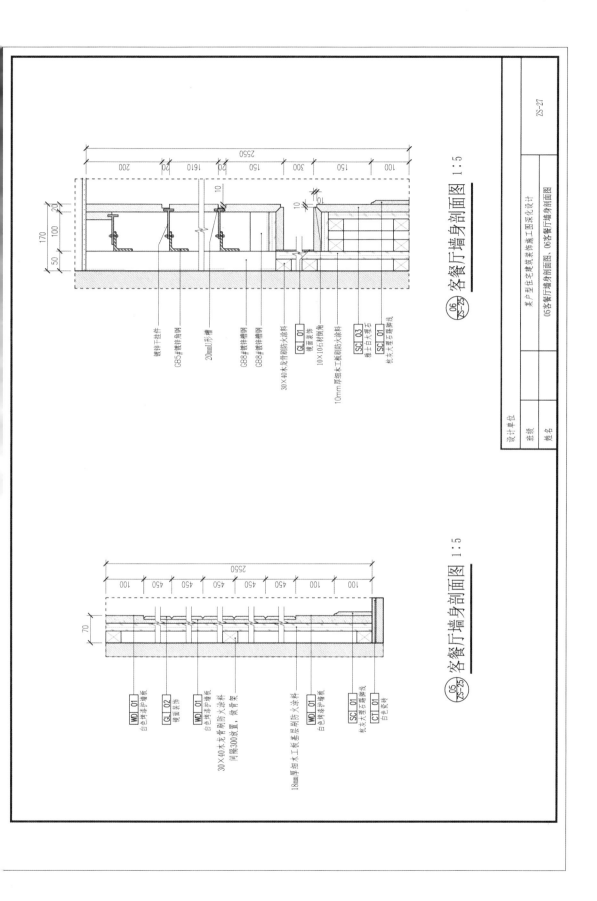

客餐厅墙身剖面图 1:5

$\dfrac{06}{ZS-25}$

2550
200 | 50 | 1610 | 50 | 150 | 300 | 150 | 100

170
100
50
20
10
10
10

镀锌干挂件
GB5#镀锌角钢
20mm凵形槽
GB8#镀锌槽钢
GB8#镀锌槽钢
30×40木龙骨刷防火涂料
GL 01 墙面装饰
10×10凸材倒角
10mm厚细木工板刷防火涂料
SCI 03 雅士白大理石
SCI 01 灰灰大理石踢脚线

客餐厅墙身剖面图 1:5

$\dfrac{05}{ZS-25}$

2550
100 | 450 | 450 | 450 | 450 | 450 | 100 | 100

70

WD 01 白色烤漆护墙板
GL 02 墙面装饰
WD 01 白色烤漆护墙板
30×40木龙骨刷防火涂料
间隔300设置,做骨架
18mm厚细木工板基层刷防火涂料
WD 01 白色烤漆护墙板
SCI 01 灰灰大理石踢脚线
CTI 01 白色瓷砖

设计单位		某户型住宅建筑装饰施工图深化设计	ZS-27
班级		05客餐厅墙身剖面图、06客餐厅墙身剖面图	
姓名			

253

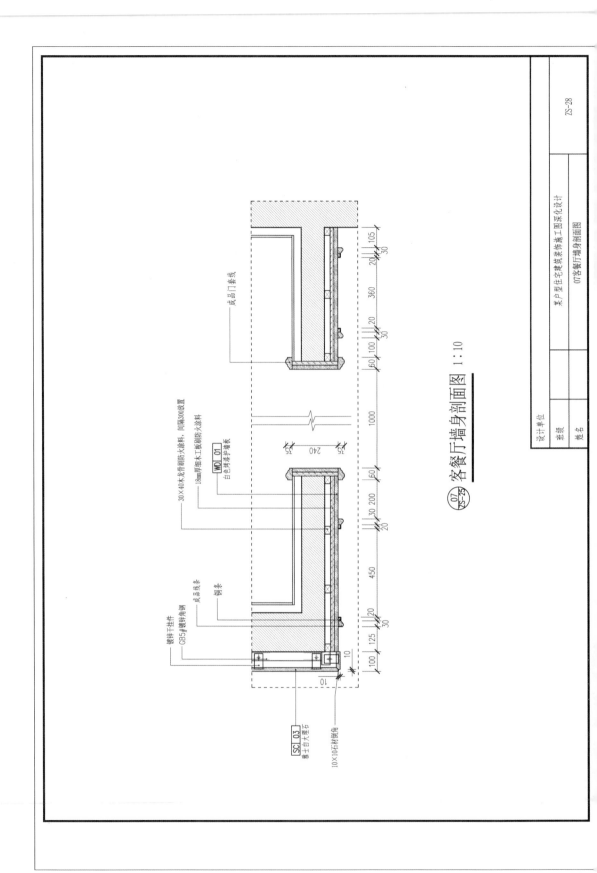

⑦/ZS-25 客餐厅墙身剖面图 1:10

成品门套线

30×40木龙骨刷防火涂料,同隔300放置
18mm厚细木工板刷防火涂料
白色搪木护墙板 WD 01

成品线条
铜条
镀锌干挂件
GB5#镀锌角钢

SCI 03
蒙古白大理石
10X10石材倒角

设计单位

班级

姓名

某户型住宅建筑装饰施工图深化设计

07客餐厅墙身剖面图

ZS-28

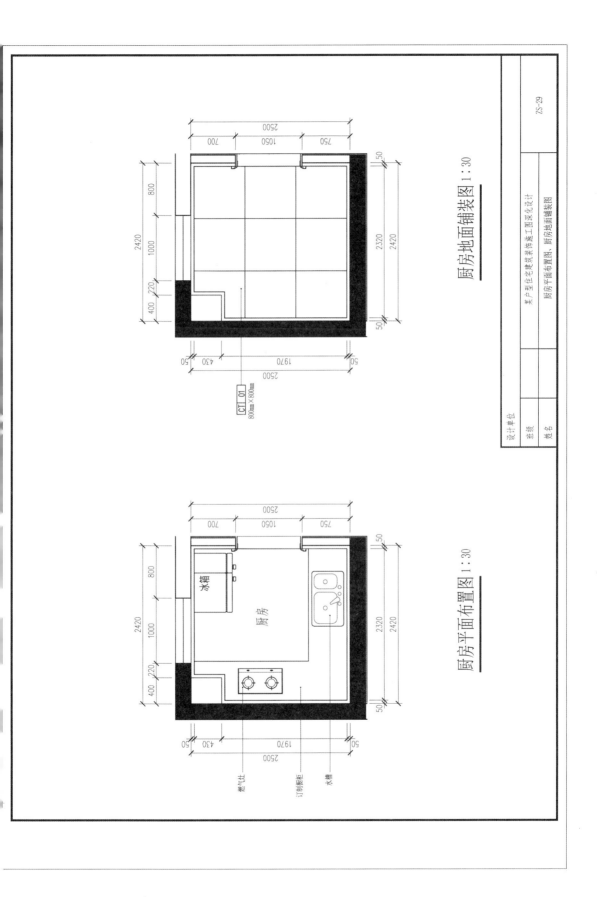

厨房地面铺装图 1∶30

CTI 01
800mm×800mm

厨房平面布置图 1∶30

冰箱

厨房

燃气灶
订制橱柜
水槽

设计单位			某户型住宅楼建筑装饰施工图深化设计	ZS-29
班级			厨房平面布置图、厨房地面铺装图	
姓名				

2500
700 1050 750
800 2420 1000 220 400
50 2320 2420 50
50 430 1970 50
2500

2500
700 1050 750
800 2420 1000 220 400
50 2320 2420 50
50 430 1970 50
2500

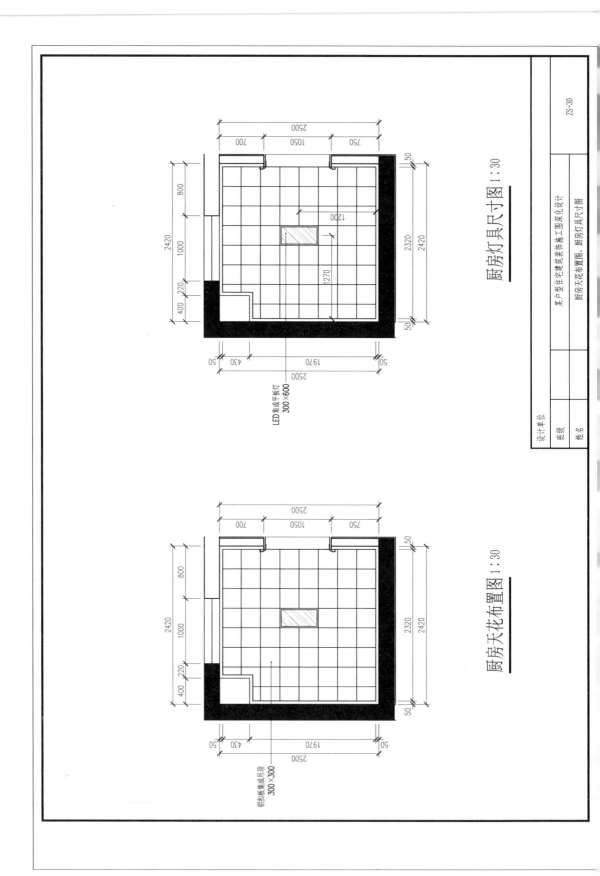

厨房灯具尺寸图 1:30

LED集成平板灯
300×600

厨房天花布置图 1:30

铝扣板集成吊顶
300×300

设计单位		某户型住宅快装建筑装饰施工图深化设计	ZS-30
班级		厨房天花布置图、厨房灯具尺寸图	
姓名			

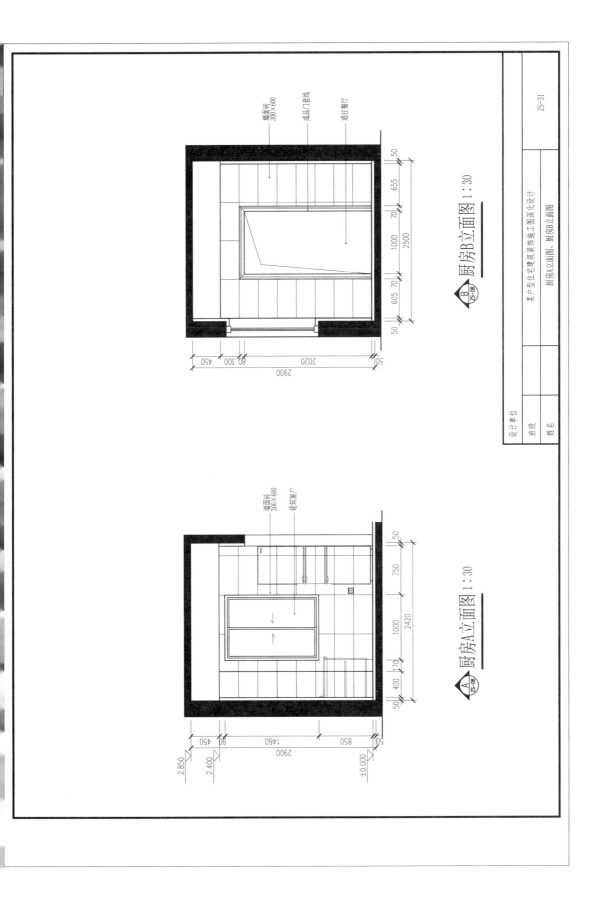

厨房B立面图 1:30

墙面砖
300×600

成品门套线

通往餐厅

B
ZS-08

655
70
1000
2500
605 70
50
50

450
80 300
2020
2900
50

厨房A立面图 1:30

墙面砖
300×600

建筑窗户

A
ZS-08

750
2420
170
400
50
50

450
80
1460
850
50
2900

2.850
2.400
±0.000

设计单位

班级

姓名

ZS-31

某户型住宅建筑装饰装修施工图深化设计

厨房A立面图、厨房B立面图

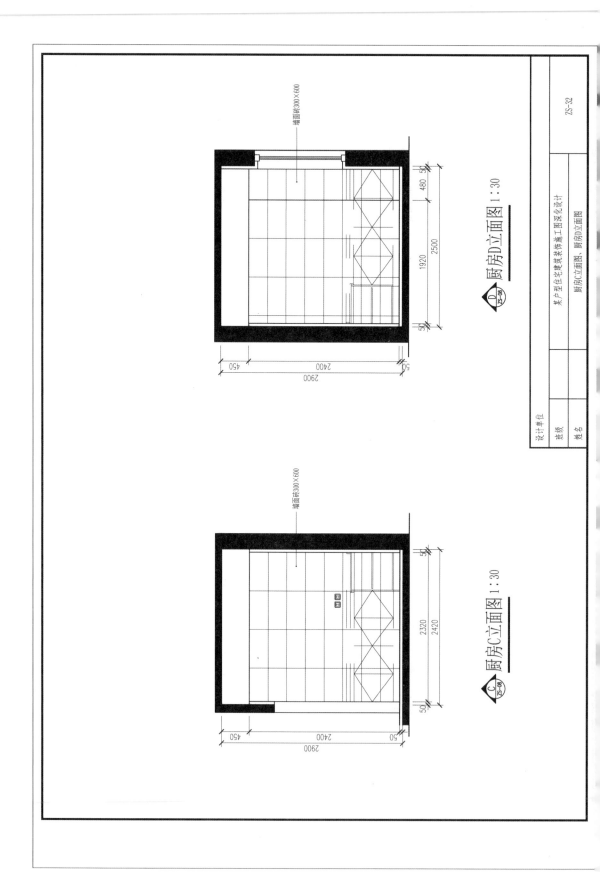

厨房D立面图 1：30

墙面砖300×600

厨房C立面图 1：30

墙面砖300×600

设计单位		某户型住宅建筑装饰施工图深化设计	ZS-32
班级		厨房C立面图、厨房D立面图	
姓名			

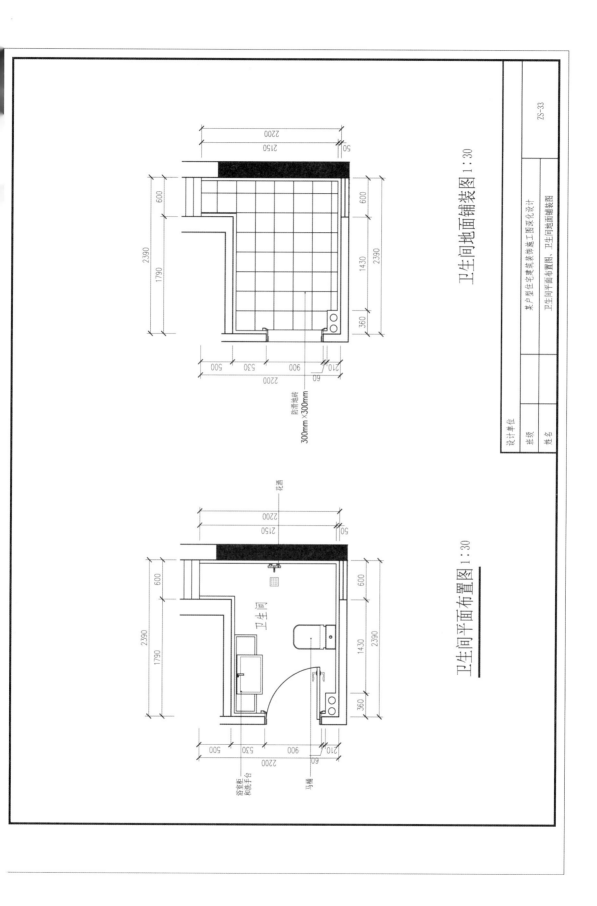

卫生间地面铺装图 1:30

防滑地砖
300mm×300mm

卫生间平面布置图 1:30

花洒

卫生间

浴室柜
和洗手台

马桶

设计单位			
班级			ZS-33
姓名			

某户型住宅建筑装饰装修施工图深化设计

卫生间平面布置图、卫生间地面铺装图

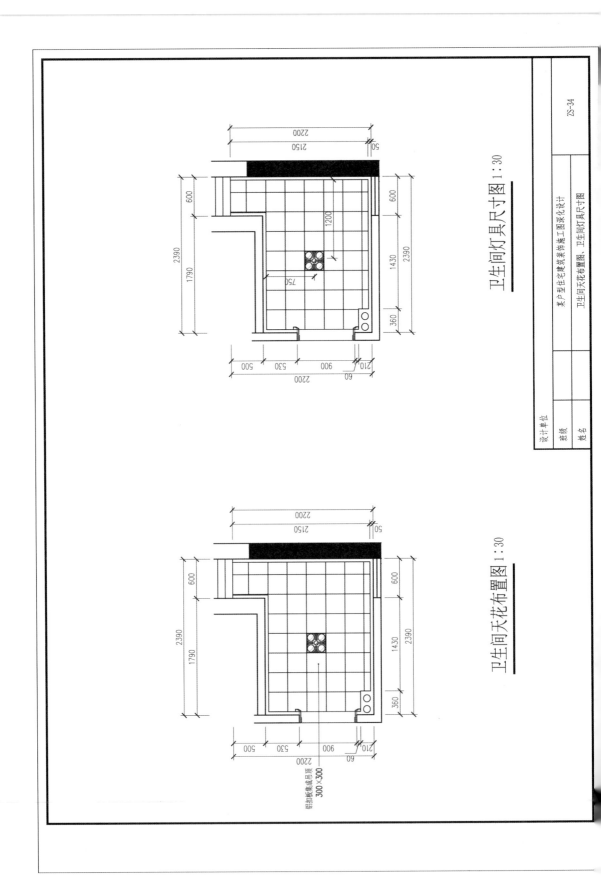

卫生间灯具尺寸图 1:30

卫生间天花布置图 1:30

铝扣板集成吊顶
300×300

设计单位		某户型住宅建筑装饰施工图深化设计	ZS-34
班级		卫生间天花布置图、卫生间灯具尺寸图	
姓名			

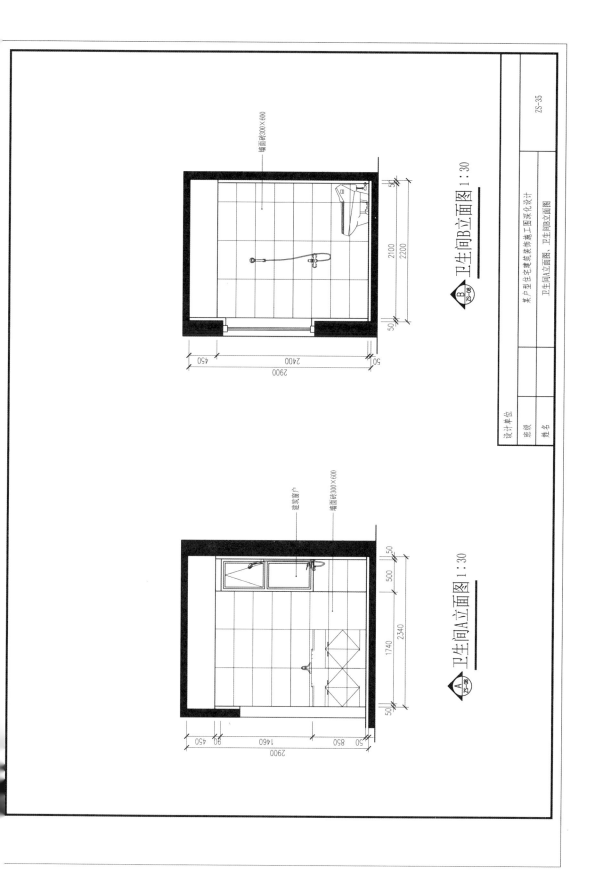

卫生间B立面图 1:30

墙面砖300×600

B
ZS-08

2100
2200
50

2400
450
50

2900

卫生间A立面图 1:30

建筑窗户

墙面砖300×600

A
ZS-08

50
500

1740
2340

50

50
850
90
1460
450

2900

设计单位

班级

姓名

某户型住宅建筑装饰施工图深化设计

卫生间A立面图、卫生间B立面图

ZS-35

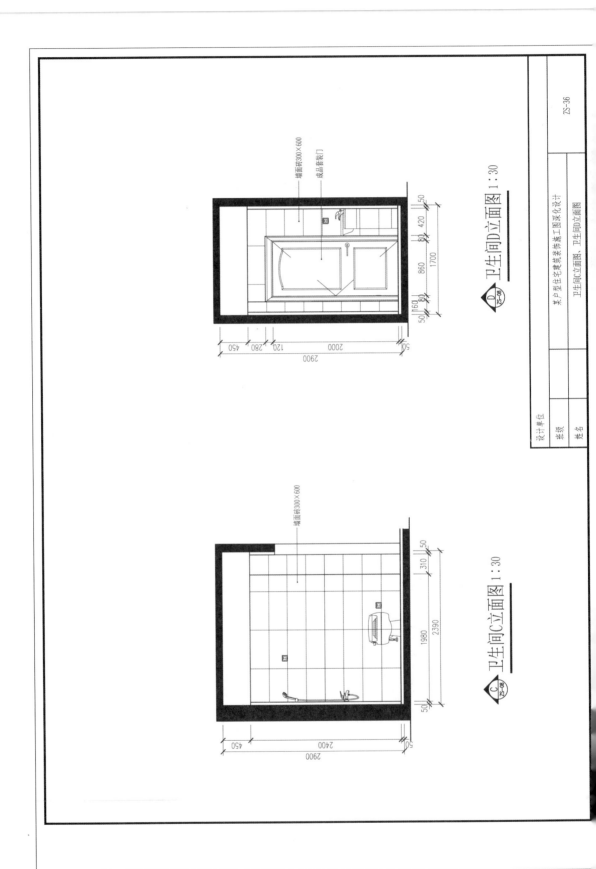

卫生间D立面图 1:30

墙面砖300×600
成品套装门

卫生间C立面图 1:30

墙面砖300×600

设计单位

班级

姓名

某户型住宅建筑装饰施工图深化设计

卫生间C立面图、卫生间D立面图

ZS-36

图 1-45　展台正立面效果图

图 1-46　展台侧立面效果图

图 3-2　客厅、餐厅效果图

图 3-3　主卧效果图

图 3-4　客厅、餐厅剖面节点大样位置图

图 3-5　客厅、餐厅、厨房剖面节点大样位置图

图 3-6　主卧剖面节点大样位置图

图 5-3　卧室效果图